Abdelfateh Chekila

Étude de stabilité des écoulements de fluides rhéofluidifiants

I0131265

Abdelfateh Chekila

Étude de stabilité des écoulements de fluides rhéofluidifiants

Analyse linéaire, faiblement non linéaire et non linéaire de la stabilité de l'écoulement de Poiseuille plan

Presses Académiques Francophones

Impressum / Mentions légales
Bibliografische Information der Deutschen Nationalbibliothek: Die Deutsche Nationalbibliothek verzeichnet diese Publikation in der Deutschen Nationalbibliografie; detaillierte bibliografische Daten sind im Internet über http://dnb.d-nb.de abrufbar.
Alle in diesem Buch genannten Marken und Produktnamen unterliegen warenzeichen-, marken- oder patentrechtlichem Schutz bzw. sind Warenzeichen oder eingetragene Warenzeichen der jeweiligen Inhaber. Die Wiedergabe von Marken, Produktnamen, Gebrauchsnamen, Handelsnamen, Warenbezeichnungen u.s.w. in diesem Werk berechtigt auch ohne besondere Kennzeichnung nicht zu der Annahme, dass solche Namen im Sinne der Warenzeichen- und Markenschutzgesetzgebung als frei zu betrachten wären und daher von jedermann benutzt werden dürften.

Information bibliographique publiée par la Deutsche Nationalbibliothek: La Deutsche Nationalbibliothek inscrit cette publication à la Deutsche Nationalbibliografie; des données bibliographiques détaillées sont disponibles sur internet à l'adresse http://dnb.d-nb.de.
Toutes marques et noms de produits mentionnés dans ce livre demeurent sous la protection des marques, des marques déposées et des brevets, et sont des marques ou des marques déposées de leurs détenteurs respectifs. L'utilisation des marques, noms de produits, noms communs, noms commerciaux, descriptions de produits, etc, même sans qu'ils soient mentionnés de façon particulière dans ce livre ne signifie en aucune façon que ces noms peuvent être utilisés sans restriction à l'égard de la législation pour la protection des marques et des marques déposées et pourraient donc être utilisés par quiconque.

Coverbild / Photo de couverture: www.ingimage.com

Verlag / Editeur:
Presses Académiques Francophones
ist ein Imprint der / est une marque déposée de
OmniScriptum GmbH & Co. KG
Heinrich-Böcking-Str. 6-8, 66121 Saarbrücken, Deutschland / Allemagne
Email: info@presses-academiques.com

Herstellung: siehe letzte Seite /
Impression: voir la dernière page
ISBN: 978-3-8381-4199-2

Table des matières

Table des figures

Liste des tableaux

Nomenclature

Symboles Correspondance

$x,\ y,\ z$ — Directions longitudinale, normale aux parois, transverse de l'écoulement.

$e_x,\ e_y,\ e_z$ — Vecteurs unitaires des directions longitudinale, normale aux parois et transverse de l'écoulement.

$U,\ V,\ W$ — Composantes longitudinale, normale aux parois et, transverse du vecteur vitesse U.

$U_b,\ U_0$ — vitesse de l'écoulement de base, vitesse maximale de l'écoulement de base.

$P,\ P_b$ — Pression , Pression de l'écoulement de base.

t — Temps adimensionnel.

$\mu,\ \mu_b,\ \mu_t$ — Viscosité effective, viscosité relative à l'écoulement de base, viscosité tangente.

$\mu_0,\ \mu_\infty,\ \mu_p$ — Viscosité à taux de cisaillement nul, viscosité à taux de cisaillement infini, viscosité à la paroi.

$\hat{\rho}$ — masse volumique.

$\tau,\ \tau_{ij}$ — Déviateur du tenseur des contraintes, composante (i,j) de τ.

$\dot{\gamma},\ \Gamma$ — Tenseur des taux de déformation, second invariant au carré de $\dot{\gamma}$.

$\dot{\gamma}_{ij},\ \dot{\gamma}_{ij}^b$ — Composantes (i,j) de $\dot{\gamma}$, composantes (i,j) de $\dot{\gamma}$ relative à l'écoulement de base.

$\Gamma_b,\ \Gamma_2$ — Second invariant au carré de $\dot{\gamma}$ associé à l'écoulement de base, second invariant au carré associé à la perturbation.

λ	Constante de temps du fluide dans le modèle de. Carreau.
n_c	Indice de rhéofluidification du fluide.
h	Demi distance entre les deux parois.
Re, Re_c	Nombre de Reynolds, nombre de Reynolds critique.
Λ	Rapport du temps caractéristique du fluide au temps de diffusion visqueuse.
ξ	Coefficient de relaxation.
S_v	Degré de stratification de la viscosité.
ψ	Fonction courant de la perturbation.
Ψ_b	Fonction courant de l'écoulement de base.
u, v	Composantes de la perturbation en vitesse.
α, α_c	Nombre d'onde, et nombre d'onde critique dans la direction x.
c	Vitesse de l'onde.
δ_c	Epaisseur de la couche critique.
A	Amplitude de l'onde critique (mode fondamental).
A_c	Amplitude d'équilibre.
g_j	Le j^{ime} coefficient de Landau.
$E^n = e^{i\,n\,(\alpha_c\,x-\sigma(t))}$	Exponentielle décrivant les différents harmoniques.
$Af_{1,1}E^1$	Mode fondamental.
$A^2 f_{2,2}E^2$	Premier harmonique du fondamental.
$A^2 u_{0,2}$	Modification de l'écoulement moyen.

$\varepsilon = \dfrac{Re - Re_c}{Re_c}$ Ecart relatif au seuil.

τ_0 Temps caractéristique de l'onde critique.

ζ Energie cinétique minimale d'une perturbation d'amplitude finie.

Q Longueur d'onde dans la direction x.

M Nombre de modes de Fourier.

M_d Nombre de points dans la direction x.

N_d Nombre de points dans la direction y.

$W(y_j)$ Coefficients d'intégration de la quadrature de Gauss-Lobatto.

$\underline{X}$ Vecteur des coefficients spectraux a_{mn}.

$\mathcal{R}e(\bullet) \equiv (\bullet)_r$ Partie réelle de $(\bullet)$.

$\Im(\bullet) \equiv (\bullet)_i$ Partie imaginaire de $(\bullet)$.

$(\bullet)^*$ Complexe conjugué associé à $(\bullet)$.

$(\hat{\bullet})$ Grandeur dimensionnelle.

$\langle\bullet\rangle_x$ Valeur moyennée de $(\bullet)$ suivant x.

$[\bullet]_{ij}$ Valeur de $(\bullet)$ au point (x_i, y_j).

$\delta(\bullet)$ Opérateur variationnel appliqué à $(\bullet)$

$(\boldsymbol{u}, \boldsymbol{v})$ Produit scalaire hermitien sur les vecteurs $\boldsymbol{u}$ et $\boldsymbol{v}$.

$\mathcal{L}, \mathcal{L}^\dagger$ Opérateur $\mathcal{L}$ et son adjoint correspondant.

tol_{rel}, tol_{abs} Tolérance sur l'erreur relative et l'erreur absolue.

CHAPITRE 1

Introduction

La compréhension des mécanismes de transition du régime laminaire vers le régime turbulent fait partie des sujets majeurs de recherche en mécanique des fluides. Dans un certain nombre de situations telles que la convection thermique de Rayleigh-Bénard ou l'écoulement de Taylor-Couette (cylindre extérieur fixe et cylindre intérieur tournant), la transition vers la turbulence se fait suivant une série de bifurcations en augmentant progressivement le paramètre de contrôle (nombre de Rayleigh ou nombre de Taylor). Chaque état, à commencer par l'écoulement de base, devient instable pour laisser place à un autre état plus complexe. Le chaos apparaît après un certain nombre de bifurcations [Cross & Hohenberg 1993]. La situation est radicalement différente dans le cas des écoulements cisaillés ouverts où des états turbulents apparaissent de manière brutale à partir d'un nombre de Reynolds fini. Les mécanismes physiques associés à ce type de transition sont encore mal compris. La transition vers la turbulence en conduite cylindrique est étudiée depuis plus d'un siècle et continue à faire l'objet de nombreuses publications. En 1883, [Reynolds 1883] avait identifié expérimentalement, les régimes laminaire et turbulent et avait montré que la transition était caractérisée par l'apparition brutale, à un nombre de Reynolds fini Re_T, de spots de turbulence, i.e., des zones de turbulence localisées qui se déplacent le long de la conduite. La dépendance de Re_T en fonction de l'amplitude A et de la forme de la perturbation a été étudiée expérimentalement en particulier par [Darbyshire & Mullin 1995], [Hof et al. 2003],

[Peixinhio & Mullin 2007] et [Cohen *et al.* 2009]. Un comportement asymptotique de la forme $A \propto Re^{-\gamma}$ avec $\gamma \geq 1$ est observé. A côté de cela, la théorie linéaire indique que l'écoulement de Hagen-Poiseuille est linéairement stable pour tout Re. [Meseguer & Trefethen 2001] ont vérifié cette conjecture jusqu'à $Re = 10^7$ (le nombre de Reynolds est défini avec la vitesse maximale et le rayon de la conduite). La même phénoménologie est observée dans le cas de l'écoulement de Couette plan qui est linéairement stable [Romanov 1973], alors que la transition vers la turbulence se produit à un nombre de Reynolds modéré. [Daviaud *et al.* 1992] ont visualisé des spots de turbulence à $Re_T = 340$ (ici, le nombre de Reynolds est défini avec la demi-vitesse relative des deux parois, et la demi-distance entre-elles). Dans le cas de l'écoulement de Poiseuille dans un canal plan, il existe un nombre de Reynolds critique à partir duquel des ondes de Tollmien-Schliting apparaissent : $Re_c = 5772.22$ [Orszag 1971]. Le nombre de Reynolds est ici défini avec la vitesse maximale et la demi-distance entre les deux plaques. Ce résultat a été vérifié expérimentalement par [Nishioka *et al.* 1975]. Cependant, la transition vers la turbulence a été observée à un nombre de Reynolds $Re \approx 1000$, bien inférieur à celui prédit par la théorie linéaire. Les spots de turbulence dans un canal plan ont été visualisés à $Re \approx 1000$ par [Carlson *et al.* 1982], [Alavyoon *et al.* 1986] et récemment par [Lemoult *et al.* 2013] à $Re = 1500$. Comme dans le cas d'une conduite, le nombre de Reynolds de transition dépend de la forme et de l'amplitude de la perturbation avec un comportement asymptotique $A \propto Re^{-\gamma}$, où $\gamma \geq 1$ [Chapman 2002], [Cohen *et al.* 2009], [Lemoult *et al.* 2012].

Dans ces différents exemples, l'écoulement de base est instable vis-à-vis de perturbations d'amplitude finie. La bifurcation primaire est sous-critique. La compréhension des mécanismes de transition repose en particulier sur la recherche et la mise en évidence d'états non-triviaux appelés solutions d'amplitude finie. Deux approches non linéaires sont proposées dans la littérature pour la détermination de ces solutions d'amplitude finie. Dans la première approche, des solutions bidimensionnelles et tridimensionnelles sont calculées en partant de la courbe de stabilité marginale de l'écoulement laminaire. [Zahn *et al.* 1974]et ensuite [Herbert 1976] moyennant des techniques de continuation, ont déterminé des solutions non linéaires bidimensionnelles. Ce sont des ondes progressives d'amplitude finie. Ils trouvent un nombre de Reynolds critique, évalué au point de retournement dans le diagramme de bifurcation, $Re_c = 2935$ avec un nombre d'onde $\alpha = 1.323$. Ce seuil de transition reste encore trop grand comparé aux observations expérimentales. L'étude de la stabilité secondaire de ces solutions non linéaires bidimensionnelles est alors nécessaire dans la compréhension de la transition. En suivant cette démarche, [Ehrenstein & Koch 1991] ont déterminé des solutions d'équilibre tridimensionnelles à un nombre de Reynolds critique $Re_c \approx 1000$. Dans la deuxième approche, les solutions calculées sont déconnectées de l'écoulement laminaire. Elles sont basées sur le fait que les spots de turbulence, observés expérimentalement dans les différents écoulements cisaillés ouverts, présentent une structure commune à savoir des stries de basse et haute vitesse longitudinale et des tourbillons longitudinaux. [Waleffe 1995], [Waleffe 1997] proposa un modèle d'auto-entretien de la turbulence basé sur ces caractéristiques communes (rouleaux longitudinaux et stries). Dans ce modèle, les rouleaux longitudinaux forment des stries, qui développent des instabilités inflexionnelles, qui elles mêmes lors de leur évolution non linéaire forment à nouveau des rouleaux, bouclant ainsi la boucle. [Waleffe 1998] introduit une force fictive générant les rouleaux et parvint à trouver une onde non linéaire dans un écoulement de Poiseuille plan. Cette approche s'est révélée très fructueuse. En suivant le protocole proposé par [Waleffe 1995], [Faisst & Eckhardt 2003] et [Wedin & Kerswell 2004] ont calculé, pour l'écoulement dans une conduite cylindrique, des solutions sous forme d'ondes non linéaires progressives qui étaient qualitativement en bon accord avec les résultats expérimentaux de [Hof *et al.* 2004].

Comparativement au cas Newtonien, très peu de travaux ont été consa-
crés au cas de fluides non-Newtoniens. Ceci est probablement dû à la com-
plexité supplémentaire introduite par la non-linéarité du comportement rhéologique. Les écoulements de fluides non-Newtoniens sont rencontrés dans un
grand nombre de procédés industriels. Le contrôle et la maîtrise de ces procédés nécessite la connaissance de la structure de l'écoulement et en particulier les conditions de stabilité et de transition vers la turbulence. Les
fluides non-Newtoniens les plus étudiés sont les solutions diluées de polymères, du fait de leur capacité à réduire le frottement hydrodynamique en
régime turbulent (effet Toms 1948). Cet effet trouve de nombreuses applications en particulier dans le transport du pétrole par des pipelines. L'interpré-
tation physique de la réduction de frottement n'est pas complètement éluci-
dée. Il y a deux écoles de pensée. La première [Lumley 1969], [Ryskin 1969]
met en avant l'augmentation de la viscosité élongationnelle (étirement des
chaines de polymères) qui réduit les fluctuations de la vitesse. La deuxième
école [Tabor & de Gennes 1986] met en avant l'énergie élastique emmaga-
sinée dans les chaînes de polymères qui agit directement sur le caractère
dissipatif de l'écoulement. La majorité des fluides non-Newtoniens sont à des
degrés divers rhéofluidifiants et viscoélastiques. La présente étude concerne
la stabilité des écoulements cisaillés de fluides rhéofluidifiants, i.e. des fluides
qui ne présentent pas de réponse élastique et dont la viscosité $\hat{\mu}$ décroit
non linéairement avec l'augmentation du cisaillement. Le caractère rhéofluidifiant reflète la tendance de la structure interne à s'organiser afin de réduire
au minimum la dissipation visqueuse, facilitant ainsi l'écoulement. Les suspensions de particules, suspensions colloïdales et les solutions de polymères
présentent un comportement rhéofluidifiant. Par exemple, pour les solutions
de polymères, la rhéofluidification résulte de l'orientation des chaînes de polymères dans le sens de l'écoulement. Les écoulements de ces fluides se ca-
ractérisent par une stratification de la viscosité dans la direction normale
à la paroi. Il a été montré par plusieurs auteurs que les caractéristiques

de stabilité des écoulements parallèles sont modifiées de manière significative en présence d'une stratification de la viscosité. Cette stratification peut être obtenue lorsque la viscosité dépend d'une quantité intensive obéissant à une équation d'advection-diffusion. [Wall & Wilson 1996] ont étudié la stabilité de l'écoulement de Poiseuille dans un canal plan d'un fluide Newtonien dont la viscosité dépend de la température. Les parois du canal sont portées à des températures différentes. Quatre modèles de variation de la viscosité avec la température ont été considérés. Les auteurs ont montré qu'une augmentation non uniforme de la viscosité dans le canal plan stabilise l'écoulement. Par contre, une décroissance non uniforme de la viscosité dans le canal plan peut stabiliser ou déstabiliser l'écoulement. Ces résultats ont été expliqués en termes de trois effets physiques : croissance ou décroissance uniforme de la viscosité, modification du profil de vitesse axiale dans la mesure où il devient asymétrique, et l'apparition d'une fine couche de fluide adjacente à la paroi où se produit une forte variation de la viscosité. L'influence du chauffage sur la stabilité de l'écoulement de Poiseuille plan, a été étudiée récemment par [Sameen & Govindarajan 2007]. Les auteurs montrent qu'une décroissance de la viscosité dans la direction normale à la paroi stabilise l'écoulement. L'effet de la stratification de la viscosité sur la stabilité de l'écoulement de Poiseuille plan vis-à-vis de perturbations infinitésimales a été analysé par [Ranganathan & Govindarjan 2001], [Govindarajan 2002], [Govindarajan *et al.* 2003] et [Chikkadi *et al.* 2005]. Ils montrent qu'un profil de viscosité dans la couche critique, tel que la viscosité décroit dans la direction normale à l'écoulement retarde de manière significative l'apparition des ondes de Tollmien Schlichting. Ce retard a été attribué à la réduction de l'échange d'énergie entre l'écoulement de base et la perturbation [Chikkadi *et al.* 2005]. Ainsi la stratification de la viscosité induite par le caractère rhéofluidifiant du fluide retarde l'apparition des ondes de Tollmien-Schlichting. [Nouar *et al.* 2007a] ont montré que ce retard est modéré par la prise en compte de la perturbation de la viscosité.

Comme dans le cas Newtonien, la transition vers la turbulence est observée expérimentalement à un nombre de Reynolds très inférieur aux prédictions de la théorie linéaire [Escudier *et al.* 2009b], [Sourlier 1988]. De la même façon, l'écoulement de Hagen-Poiseuille d'un fluide rhéofluidifiant purement visqueux est linéairement stable [Carranza *et al.* 2012] et la transition apparait à un nombre de Reynolds fini. Expérimentalement, l'apparition des spots de turbulence se manifeste par une variation brutale dans le signal de la vitesse axiale. Les résultats expérimentaux montrent que les effets rhéofluidifiants retardent l'apparition des bouffées turbulentes [Peixinho *et al.* 2005], [Escudier *et al.* 2009a]. Cependant, bien avant l'apparition des bouffées turbulentes, un nouveau régime avec une turbulence faible est mis en évidence expérimentalement. Il serait induit par la non-linéarité du modèle rhéologique [Esmael & Nouar 2008], [Esmael *et al.* 2010]. Ce nouveau régime, qui n'est pas observé pour un fluide Newtonien, se caractérise en particulier par une dissymétrie des profils de vitesse axiale [Escudier & Presti 1996], [Escudier *et al.* 2005] qui suggère l'existence d'une structure cohérente robuste avec un nombre d'onde azimutal $m = 1$. Récemment, [Roland *et al.* 2010] (pour plus de détails voir [Roland 2010]), ont calculé des ondes non linéaires progressives pour un fluide rhéofluidifiant dans une conduite cylindrique en suivant le protocole suggéré par [Waleffe 1995]. Le premier objectif était de modéliser le régime asymétrique. Malheureusement, cela n'a pas abouti. Des solutions avec des nombres d'onde azimutaux $m = 2$ et 3 ont été calculés. Elles apparaissent à un nombre de Reynolds (défini avec la viscosité calculée à la paroi) plus élevé lorsque les effets rhéofluidifiants augmentent.

L'analyse non linéaire de stabilité de l'écoulement d'un fluide rhèofluidifiant a été très peu étudiée dans la littérature. Le présent travail est une contribution dans ce sens. Nous allons considérer le cas de l'écoulement de Poiseuille plan d'un fluide rhéofluidifiant. Cet écoulement présente l'avantage d'être linéairement instable à partir d'un nombre de Reynolds fini, ce qui nous permettra de faire un suivi des branches de bifurcation. Le manuscrit est organisé comme suit. Dans le chapitre 2, les équations gouvernant le problème et plus particulièrement les équations aux perturbations sont présentées de manière générale pour un fluide purement visqueux non-Newtonien. Les caractéristiques de l'écoulement de base sont données pour une large gamme de paramètres rhéologiques. Le chapitre 3 est consacré à l'analyse linéaire de stabilité. Les conditions critiques sont calculées pour le modèle de Carreau. La nature de la bifurcation et la forme de la solution au voisinage des conditions critiques sont examinées dans le chapitre 4. Les résultats de ce chapitre sont publiés dans [Chekila *et al.* 2011]. Le suivi des branches de bifurcation et la détermination de solutions non linéaires bidimensionnelles, sont décrites dans le chapitre 5. Enfin, on termine par une conclusion, où on rappelle l'essentiel des résultats obtenus.

CHAPITRE 2

Equations gouvernant le problème et écoulement de base

Sommaire

Ce chapitre est dédié à la présentation des équations gouvernant l'écoulement d'un fluide rhéofluidifiant dans un canal plan. Il est structuré en quatre sections. Dans la première section, on rappelle les équations de conservation de masse et de quantité de mouvement qui décrivent le problème. Elles sont d'abord données sous forme dimensionnelle ensuite sous forme adimensionnelle après avoir introduit les différentes échelles caractéristiques. Un modèle rhéologique est choisi pour décrire le comportement rhéofluidifiant des fluides. La troisième section est consacrée à la description de l'écoulement de base. On analyse l'influence des paramètres rhéologiques sur les profils de vitesse et de viscosité. Dans la dernière section, on donne les équations aux perturbations. On fera ressortir les termes qui proviennent de la perturbation de la viscosité.

2.1   Equations gouvernant le problème

On considère l'écoulement de Poiseuille plan d'un fluide rhéofluidifiant, c'est-à-dire un écoulement, entre deux plans parallèles infinis situés en $\hat{y} = \pm\,\hat{h}$, d'un fluide incompressible rhéofluidifiant dont les effets élastiques sont négligeables. L'écoulement est contrôlé par un gradient de pression $\dfrac{\partial \hat{P}}{\partial \hat{x}}$ constant dans la direction longitudinale de l'écoulement $\boldsymbol{e}_x$. Les équations gouvernant la dynamique de l'écoulement sont les équations de conservation de masse et de quantité de mouvement,

$$\hat{\boldsymbol{\nabla}}.\hat{\boldsymbol{U}} = 0, \qquad (2.1)$$

$$\frac{\partial \hat{\boldsymbol{U}}}{\partial t} + \left(\hat{\boldsymbol{U}}.\hat{\boldsymbol{\nabla}}\right)\hat{\boldsymbol{U}} = -\hat{\boldsymbol{\nabla}}\hat{P} + \hat{\boldsymbol{\nabla}}.\hat{\boldsymbol{\tau}}, \qquad (2.2)$$

où $\hat{\boldsymbol{U}} = \hat{U}\boldsymbol{e}_x + \hat{V}\boldsymbol{e}_y + \hat{W}\boldsymbol{e}_z$ est le vecteur vitesse. $\hat{U}, \hat{V}$ et $\hat{W}$ sont les composantes de $\hat{\boldsymbol{U}}$ suivant les directions longitudinale, normale aux parois et transversale définies par les vecteurs unitaires $\boldsymbol{e}_x$, $\boldsymbol{e}_y$ et $\boldsymbol{e}_z$ respectivement. $\hat{P}$ est la pression et $\hat{\boldsymbol{\tau}}$ le tenseur des contraintes visqueuses. La notation $(\hat{\bullet})$ désigne des quantités dimensionnelles. Pour un fluide purement visqueux, le déviateur du tenseur des contraintes $\hat{\boldsymbol{\tau}}$ s'écrit sous la forme

$$\hat{\boldsymbol{\tau}} = \hat{\boldsymbol{\mu}}\left(\hat{\Gamma}\right)\hat{\dot{\boldsymbol{\gamma}}} \qquad (2.3)$$

où $\hat{\boldsymbol{\mu}}$ est la viscosité dynamique et $\hat{\dot{\boldsymbol{\gamma}}}$ le tenseur des taux de déformations défini par

$$\hat{\dot{\boldsymbol{\gamma}}} = \hat{\boldsymbol{\nabla}}\hat{\boldsymbol{U}} + \left(\hat{\boldsymbol{\nabla}}\hat{\boldsymbol{U}}\right)^{T}. \qquad (2.4)$$

$\hat{\Gamma}$ est le second invariant au carré du tenseur des taux de déformations,

$$\hat{\Gamma} = \frac{1}{2}\,\hat{\dot{\gamma}}_{ij}\,\hat{\dot{\gamma}}_{ij}. \qquad (2.5)$$

Le comportement rhéologique du fluide est supposé être décrit par le modèle
de Carreau [Carreau 1972] :

$$\frac{\hat{\mu} - \hat{\mu}_\infty}{\hat{\mu}_0 - \hat{\mu}_\infty} = \left(1 + \hat{\lambda}^2 \, \hat{\Gamma}\right)^{\frac{n_c-1}{2}}, \qquad (2.6)$$

où $\hat{\mu}_0$ est la viscosité à taux de cisaillement nul, $\hat{\mu}_\infty$ la viscosité à taux de
cisaillement infini, $\hat{\lambda}$ un temps caractéristique du fluide et $n_c < 1$ l'indice
de rhéofluidification (voir figure 2.1). L'inverse de la constante de temps $1/\hat{\lambda}$
représente la valeur critique de γ à partir de laquelle le caractère rhéofluidifiant commence à se manifester. Celui-ci est d'autant plus marqué que $\hat{\lambda}$
est grand, ou n_c est petit. Pour une large gamme de solutions de polymères,
$\hat{\mu}_\infty$ est trois à quatre ordre de grandeur plus faible que $\hat{\mu}_0$ [Bird et al. 1987],
[Tanner 2000]. Dans ce qui suit, le rapport $\frac{\hat{\mu}_\infty}{\hat{\mu}_0}$ sera négligé. Le modèle de
Carreau a été choisi car il a des bases théoriques : il est issu d'une analyse sta-
tistique d'interactions entre les chaînes macromoléculaires. Il présente aussi
l'avantage d'avoir une viscosité constante à cisaillement nul, contrairement à
la loi puissance où la viscosité tend vers l'infini à cisaillement nul. Le modèle
de Carreau-Yasuda à cinq paramètres [Yasuda et al. 1981],

$$\hat{\mu}_{cy} = \hat{\mu}_\infty + (\hat{\mu}_0 - \hat{\mu}_\infty) \left(1 + \hat{\lambda}^a \, \hat{\Gamma}^{\frac{a}{2}}\right)^{\frac{n-1}{a}}, \qquad (2.7)$$

réputé plus flexible, présente lui aussi un inconvénient à cisaillement nul. En
effet $d\hat{\mu}/d\hat{\Gamma}$ tend vers l'infini lorsque $\hat{\Gamma}$ tend vers zéro sauf si $a = 2$, auquel
cas on retrouve le modèle de Carreau.

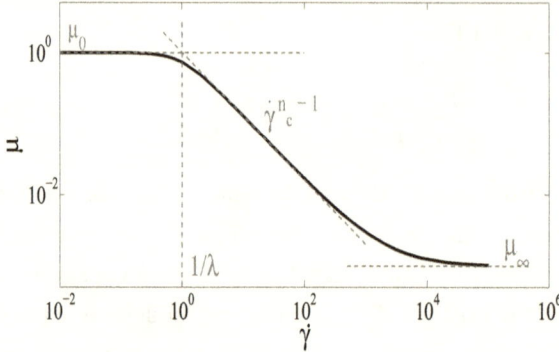

FIGURE 2.1: Rhéogramme mathématique d'un modèle de Carreau. En abscisse, $\dot{\gamma} = \sqrt{\Gamma}$ est une mesure des taux de déformations. En ordonnée, μ est la viscosité dynamique.

2.2   Equations adimensionnelles

Les équations précédentes sont mises sous forme adimensionnelle en adoptant les échelles caractéristiques suivantes : $\hat{h}$ la demi distance entre les deux plans pour les longueurs, $\hat{U}_0$ la vitesse maximale de l'écoulement de base pour les vitesses, $\dfrac{\hat{h}}{\hat{U}_0}$ pour le temps, $\hat{\rho}\,\hat{U}_0^2$ pour les contraintes et la pression, et μ_0 la viscosité à taux de cisaillement nul pour la viscosité. Ainsi, on obtient les équations sans dimension suivantes :

$$\boldsymbol{\nabla}.\boldsymbol{U} \;=\; 0, \tag{2.8}$$

$$\frac{\partial \boldsymbol{U}}{\partial t} + (\boldsymbol{U}.\boldsymbol{\nabla})\,\boldsymbol{U} \;=\; -\boldsymbol{\nabla}P + \boldsymbol{\nabla}.\boldsymbol{\tau}, \tag{2.9}$$

avec

$$\boldsymbol{\tau} = \frac{1}{Re}\boldsymbol{\mu}\,(\Gamma)\;\dot{\boldsymbol{\gamma}}. \tag{2.10}$$

Le nombre de Reynolds Re est défini par

$$Re = \frac{\hat{\rho}\,\hat{U}_0\,\hat{h}}{\hat{\mu}_0}, \tag{2.11}$$

La viscosité adimensionnelle est alors donnée par

$$\mu = \frac{\hat{\mu}}{\hat{\mu}_0} = \left(1 + \lambda^2\,\Gamma\right)^{\frac{n_c-1}{2}}, \tag{2.12}$$

où λ est une constante de temps adimensionnelle défini par

$$\lambda = \frac{\hat{\lambda}}{\hat{h}/\hat{U}_0}. \tag{2.13}$$

On doit noter que λ est lié au nombre de Reynolds par la relation

$$\lambda = \Lambda\,Re, \tag{2.14}$$

où

$$\Lambda = \frac{\hat{\lambda}}{\hat{\rho}\,\hat{h}^2/\hat{\mu}_0}, \tag{2.15}$$

Λ est le rapport du temps caractéristique du fluide au temps de diffusion visqueuse. Il ne dépend que de la géométrie du canal et des propriétés du fluide et non pas de l'écoulement.

2.3   Ecoulement de base et influence des paramètres rhéologiques

Il s'agit de l'écoulement de Poiseuille plan d'un fluide rhéofluidifiant en régime laminaire établi. L'écoulement est unidirectionnel, $\boldsymbol{U}_b = U_b(y)\boldsymbol{e}_x$, et le gradient de pression dP_b/dx est constant, l'indice b désigne l'écoulement de base. L'équation de la quantité de mouvement suivant $\boldsymbol{e}_x$ se réduit à

$$0 = -\frac{dP_b}{dx} + \frac{1}{Re}\frac{d}{dy}\left(\mu_b \frac{dU_b}{dy}\right) \tag{2.16}$$

avec

$$\mu_b = \left(1 + \lambda^2 \left(\frac{dU_b}{dy}\right)^2\right)^{\frac{n_c-1}{2}}. \tag{2.17}$$

Etant donné que l'équation (2.16) est non linéaire, celle-ci est résolue numériquement par une méthode spectrale de collocation combinée avec un processus itératif. A partir de l'équation (2.16) on a

$$\mu_b \frac{dU_b}{dy} = G\,y \quad \text{avec} \quad G = Re\frac{dP_b}{dx} \tag{2.18}$$

(i) On commence par se donner une valeur de G (on démarre avec la valeur Newtonienne $G = -2$).

(ii) On se donne un profil de gradient de la vitesse axiale (on démarre avec la valeur Newtonienne $\frac{dU_b}{dy} = -2y$).

(iii) On détermine μ_b par la relation (2.17).

(iv) Le profil du gradient de vitesse axiale est corrigé par (2.18).

On itère entre (ii) et (iv) jusqu'à convergence. La valeur de G est ensuite corrigée pour avoir $U_b(y = 0) = 1$:

$$G(j + 1) = G(j) + \xi\left(U_b(y = 0) - 1\right)$$

où ξ est un coefficient de relaxation.

Pour examiner l'influence du caractère rhéofluidifiant sur la structure de l'écoulement et le champ de viscosité, on a effectué plusieurs calculs, en faisant varier le caractère rhéofluidifiant de deux manières différentes, en fixant n_c et faisant varier λ, ou à l'inverse, en fixant λ et faisant varier n_c. Les résultats obtenus sont illustrés par les figures 2.2 - 2.5. Comme on s'y attendait, l'augmentation du caractère rhéofluidifiant (diminution de n_c ou augmentation de λ) se traduit par un aplatissement du profil de vitesse et une augmentation du gradient pariétal de la vitesse axiale. Il convient de noter que, pour n_c fixe, lorsque λ est suffisamment important on retrouve le profil de vitesse pour un fluide en loi de puissance, $U_b = 1 - y^{\frac{n+1}{n}}$.

Les figures 2.4 et 2.5 montrent que l'augmentation de λ ou la diminution de n_c ont un effet d'accroissement de la rhéofluidification du fluide, mais de deux manières différentes. Pour n_c fixé, l'accroissement de λ à des valeurs élevées conduit à une augmentation du gradient de la viscosité $|d\mu_b/dy|$ au voisinage de l'axe, et sa diminution prés de la paroi (figure 2.4) ; et vice-versa lorsque λ est fixé et n_c diminué (figure 2.5).

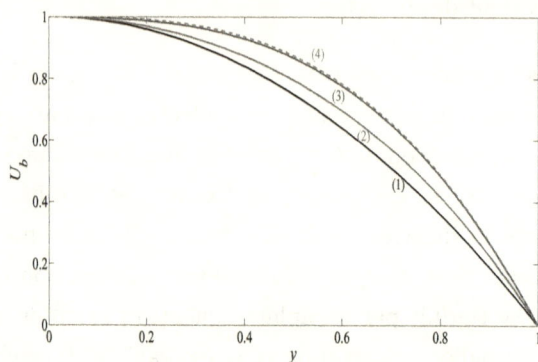

FIGURE 2.2: Ecoulement de base. Profils de vitesse axiale pour $n_c = 0.5$ et différentes valeurs de λ : (1) $\lambda = 0$, Newtonien ; (2) $\lambda = 1$; (3) $\lambda = 10$; (4) $\lambda = 100$.

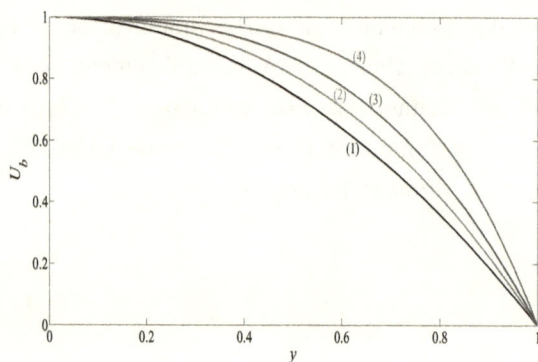

FIGURE 2.3: Ecoulement de base. Profils de vitesse axiale pour $\lambda = 10$ et différentes valeurs de n_c : (1) $n_c = 1$, Newtonien ; (2) $n_c = 0.7$; (3) $n_c = 0.5$; (4) $n_c = 0.3$.

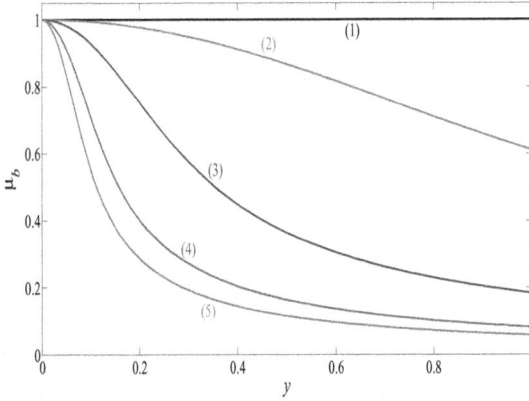

FIGURE 2.4: Ecoulement de base. Profils de la viscosité pour $n_c = 0.5$ et différentes valeurs de λ : (1) $\lambda = 0$, Newtonien ; (2) $\lambda = 1$; (3) $\lambda = 10$; (4) $\lambda = 50$; (5) $\lambda = 100$.

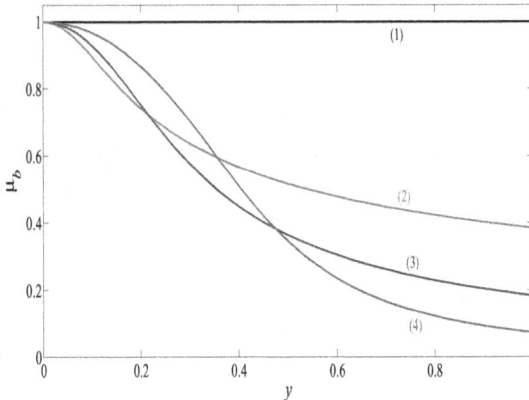

FIGURE 2.5: Ecoulement de base. Profils de la viscosité pour $\lambda = 10$ et différentes valeurs de n_c : (1) $n_c = 1$, Newtonien ; (2) $n_c = 0.7$; (3) $n_c = 0.5$; (4) $n_c = 0.3$.

A cause du rôle crucial de la stratification de la viscosité dans la couche critique, dans l'analyse linéaire de stabilité, nous avons représenté sur la figure 2.6 le gradient de la viscosité à la paroi $|d\mu_b/dy|_p$ en fonction de λ pour différentes valeurs de n_c. A partir de $\lambda = 0$, *i.e.*, le cas Newtonien, $|d\mu_b/dy|_p$ croit fortement, atteint un maximum à $\lambda \approx 1$ puis il décroit avec l'augmentation de λ.

On peut montrer en utilisant (2.12) que lorsque $\lambda >> 1$,

$$(d\mu_b/dy)_p \approx \left(\frac{n_c - 1}{2}\right) \lambda^{n_c-1} (\Gamma_b)_p^{\frac{n_c-3}{2}} (d\Gamma_b/dy)_p,$$

où $(\Gamma_b)_p$ et $(d\Gamma_b/dy)_p$ peuvent être calculés analytiquement en utilisant le modèle en loi de puissance. Ainsi, $|d\mu_b/dy|_p$ décroit comme λ^{n_c-1}. Cependant, on doit noter que $(\mu_b)_p$ décroit aussi avec l'accroissement de λ. Donc il apparait plus approprié de considérer le rapport $\left(\frac{1}{\mu_b}\left|\frac{d\mu_b}{dy}\right|\right)$ comme représentatif de la stratification de viscosité de l'écoulement. Ce rapport est appelé ici le degré de stratification de la viscosité et il est noté Sv.

$$S_v = \frac{1}{\mu_b}\left|\frac{d\mu_b}{dy}\right|_p \qquad (2.19)$$

La figure 2.7 montre que Sv croit avec l'accroissement du caractère rhéo-fluidifiant. Pour $\lambda >> 1$, Sv se sature à une valeur constante $(1 - n_c)/n_c$, identique à ce qu'on aurait obtenu pour un fluide en loi de puissance.

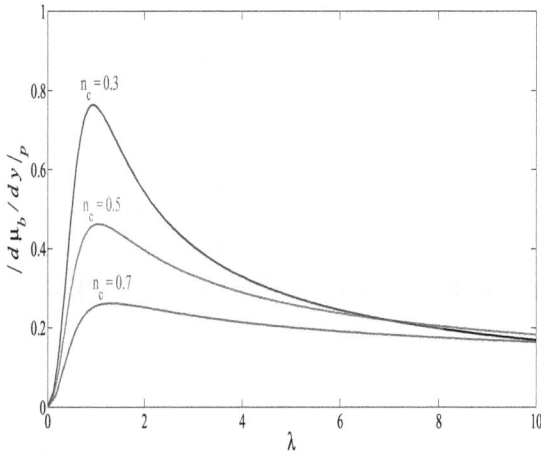

FIGURE 2.6: Gradient de la viscosité à la paroi en fonction des paramètres rhéologiques λ et n_c.

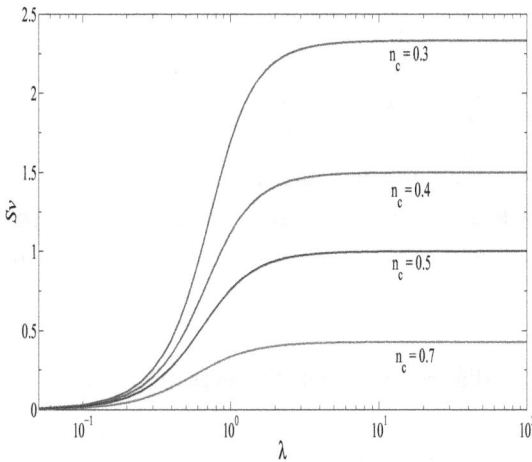

FIGURE 2.7: Degré de stratification de la viscosité Sv à la paroi en fonction des paramètres rhéologiques.

2.4   Equations aux perturbations

A l'écoulement de base $(\boldsymbol{U}_b, P_b)$ on superpose une perturbation $(\boldsymbol{u}, p)$:

$$\boldsymbol{U} = \boldsymbol{U}_b + \boldsymbol{u}, \quad P = P_b + p. \tag{2.20}$$

Dans ce qui suit, on considère le cas d'une perturbation bidimensionnelle dans le plan (x, y). Ce choix est discuté dans le chapitre relatif à l'analyse linéaire de stabilité. On introduit la fonction courant, $\psi(x, y; t)$, de la perturbation telle que

$$u = \frac{\partial \psi}{\partial y}, \quad v = -\frac{\partial \psi}{\partial x}. \tag{2.21}$$

L'équation gouvernant la fonction courant d'une perturbation instationnaire est obtenue par différentiation croisée des équations de quantité de mouvement et en éliminant la pression. On obtient l'équation de la vorticité

$$
\begin{aligned}
\frac{\partial}{\partial t} \Delta \psi &= \left(D^2 U_b - U_b \Delta \right) \frac{\partial \psi}{\partial x} + J(\psi, \Delta \psi) + \frac{\partial^2}{\partial x \partial y} \left[\tau_{xx} \left(\Psi_b + \psi \right) - \tau_{yy} \left(\Psi_b + \psi \right) \right] \\
&+ \left(\frac{\partial^2}{\partial y^2} - \frac{\partial^2}{\partial x^2} \right) \tau_{xy} \left(\Psi_b + \psi \right)
\end{aligned}
\tag{2.22}
$$

où $D \equiv d/dy$, Ψ_b est la fonction courant associée à l'écoulement de base $U_b = D\Psi_b$, $J(f, g)$ est le Jacobien défini par $(\partial f / \partial x) \, (\partial g / \partial y) - (\partial f / \partial y) \, (\partial g / \partial x)$, $\Delta \equiv \partial^2 / \partial x^2 + \partial^2 / \partial y^2$, $\Delta \psi$ est la composante normale au plan (x, y) de la vorticité et $\tau_{ij} \left(\Psi_b + \psi \right) = \frac{1}{Re} \mu \left(\Psi_b + \psi \right) \dot{\gamma}_{ij} \left(\Psi_b + \psi \right)$.

Des conditions d'adhérence sont imposées aux parois :

$$\frac{\partial \psi}{\partial x} = \frac{\partial \psi}{\partial y} = 0 \qquad ; \quad y = \pm 1. \tag{2.23}$$

Pour une perturbation de petite amplitude, la viscosité de l'écoulement perturbé peut être développée autour de l'écoulement de base sous la forme

$$\mu(\Psi_b + \psi) = \mu_b + \mu_1\,(\psi) + \mu_2\,(\psi,\,\psi) + \mu_3\,(\psi,\,\psi,\,\psi) + ..., \qquad (2.24)$$

où

$$\mu_1\,(\psi) = \left.\frac{\partial\mu}{\partial\dot{\gamma}_{ij}}\right|_b \dot{\gamma}_{ij}\,(\psi), \qquad (2.25)$$

$$\mu_2\,(\psi,\psi) = \frac{1}{2}\left.\frac{\partial^2\mu}{\partial\dot{\gamma}_{ij}\,\partial\dot{\gamma}_{k\ell}}\right|_b \dot{\gamma}_{ij}(\psi)\,\dot{\gamma}_{k\ell}(\psi), \qquad (2.26)$$

$$\mu_3\,(\psi,\,\psi,\,\psi) = \frac{1}{6}\left.\frac{\partial^3\mu}{\partial\dot{\gamma}_{ij}\,\partial\dot{\gamma}_{k\ell}\,\partial\dot{\gamma}_{pq}}\right|_b \dot{\gamma}_{ij}(\psi)\,\dot{\gamma}_{k\ell}(\psi)\,\dot{\gamma}_{pq}(\psi). \qquad (2.27)$$

Le déviateur du tenseur des contraintes de l'écoulement perturbé peut aussi être écrit sous la forme

$$\tau_{ij}\,(\Psi_b + \psi) = \tau_{ij}\,(\Psi_b) + \tau_{1,ij}\,(\psi) + \tau_{2,ij}\,(\psi,\,\psi) + \tau_{3,ij}\,(\psi,\,\psi,\,\psi) + ..., (2.28)$$

avec

$$\tau_{1,ij}\,(\psi) = \frac{1}{Re}\left[\,\mu_1\,(\psi)\,\dot{\gamma}_{ij}\,(\Psi_b) + \mu_b\,\dot{\gamma}_{ij}\,(\psi)\,\right], \qquad (2.29)$$

$$\tau_{2,ij}\,(\psi,\psi) = \frac{1}{Re}\left[\,\mu_2\,(\psi,\psi)\,\dot{\gamma}_{ij}\,(\Psi_b) + \mu_1\,(\psi)\,\dot{\gamma}_{ij}\,(\psi)\,\right], \qquad (2.30)$$

$$\tau_{3,ij}\,(\psi,\psi,\psi) = \frac{1}{Re}\left[\,\mu_3\,(\psi,\psi,\psi)\,\dot{\gamma}_{ij}\,(\Psi_b) + \mu_2\,(\psi,\psi)\,\dot{\gamma}_{ij}\,(\psi)\,\right]. (2.31)$$

Dans tout ce qui suit, $A_1(\psi)$, $A_2\,(\psi,\psi)$ et $A_3\,(\psi,\psi,\psi)$ où A désigne τ_{ij} ou μ, seront notés respectivement A_1, A_2 et A_3. Dans l'écoulement de base on a

$$\dot{\gamma}_{ij}^b = \dot{\gamma}_{ij}\,(\Psi_b) = 0 \quad si \quad ij \neq xy, yx. \qquad (2.32)$$

$$\dot{\gamma}_{ij}^b = DU_b \quad si \quad ij = xy, yx. \qquad (2.33)$$

On pose

$$\Gamma_b = (DU_b)^2 \quad et \quad \Gamma_2 = (1/2)\,\dot\gamma_{ij}\,(\psi)\,\dot\gamma_{ij}\,(\psi)\,. \tag{2.34}$$

Les expressions de μ_1, μ_2 et μ_3 peuvent être simplifiées :

$$\mu_1 = 2\,\left.\frac{\partial\mu}{\partial\Gamma}\right|_b\,\dot\gamma_{xy}^b\,\dot\gamma_{xy}\,(\psi)\,, \tag{2.35}$$

$$\mu_2 = \left.\frac{\partial\mu}{\partial\Gamma}\right|_b\,\Gamma_2 + 2\,\left.\frac{\partial^2\mu}{\partial\Gamma^2}\right|_b\,\Gamma_b\,\dot\gamma_{xy}^2\,(\psi)\,, \tag{2.36}$$

$$\mu_3 = 2\,\left.\frac{\partial^2\mu}{\partial\Gamma^2}\right|_b\,\dot\gamma_{xy}^b\,\dot\gamma_{xy}\,(\psi)\,\Gamma_2 + \frac{4}{3}\,\left.\frac{\partial^3\mu}{\partial\Gamma^3}\right|_b\,\left(\dot\gamma_{xy}^b\right)^3\,\dot\gamma_{xy}^3\,(\psi)\,. \tag{2.37}$$

En remplaçant μ_1, μ_2 et μ_3 par leurs expressions (2.35)-(2.37) dans les équations (2.29)-(2.31) on obtient

$$\tau_{1,ij} = \frac{1}{Re}\,\mu_b\dot\gamma_{ij}\,(\psi) \quad si \quad ij \neq xy, yx, \tag{2.38}$$

$$\tau_{1,xy} = \tau_{1,yx} = \frac{1}{Re}\,\left[\mu_b + 2\,\Gamma_b\,\left.\frac{\partial\mu}{\partial\Gamma}\right|_b\right]\,\dot\gamma_{xy}\,(\psi) = \frac{1}{Re}\,\mu_t\dot\gamma_{xy}\,(\psi)\,, \tag{2.39}$$

$$\tau_{2,ij} = \frac{1}{Re}\,\mu_1\,\dot\gamma_{ij}\,(\psi) \quad si \quad ij \neq xy, yx, \tag{2.40}$$

$$\tau_{2,xy} = \frac{1}{Re}\,\left[\mu_1\,\dot\gamma_{xy}\,(\psi) + \mu_2\,\dot\gamma_{xy}\,(\Psi_b)\right]\,, \tag{2.41}$$

$$\tau_{3,ij} = \frac{1}{Re}\,\mu_2\,\dot\gamma_{ij}\,(\psi) \quad si \quad ij \neq xy, yx, \tag{2.42}$$

$$\tau_{3,xy} = \frac{1}{Re}\,\left[\mu_2\,\dot\gamma_{xy}\,(\psi) + \mu_3\,\dot\gamma_{xy}\,(\Psi_b)\right]\,. \tag{2.43}$$

Dans l'équation (2.39),

$$\mu_t = \mu_b + 2\Gamma_b\,\left.\frac{\partial\mu}{\partial\Gamma}\right|_b \tag{2.44}$$

est la viscosité tangente, qui peut aussi être définie par $\mu_t = (\partial\tau_{1,xy}/\partial\dot\gamma_{xy})_b$. Pour un fluide rhéofluidifiant, $d\mu_b/d\Gamma < 0$ et $\mu_t < \mu_b$. Finalement, l'équation aux perturbations (2.22) peut être réécrite sous la forme

$$\frac{\partial}{\partial t}\Delta\psi = \mathcal{L}(\psi) + \mathcal{N}(\psi). \tag{2.45}$$

où $\mathcal{L}$ est la partie linéaire du second membre de l'équation (2.22). Elle peut être écrite sous la forme d'une somme d'un terme d'inertie et d'un terme visqueux.

$$\mathcal{L}(\psi) = \mathcal{L}_I(\psi) + \mathcal{L}_V(\psi). \tag{2.46}$$

avec

$$\mathcal{L}_I(\psi) = \left(D^2 U_b - U_b\,\Delta\right)\frac{\partial\psi}{\partial x} \tag{2.47}$$

$$Re\,\mathcal{L}_V(\psi) = \frac{\partial^2}{\partial x\partial y}\left[\mu_b\left(\dot{\gamma}_{xx}(\psi) - \dot{\gamma}_{yy}(\psi)\right)\right] + \left(\frac{\partial^2}{\partial y^2} - \frac{\partial^2}{\partial x^2}\right)\mu_t\dot{\gamma}_{xy}(\psi) \tag{2.48}$$

De la même façon, le terme non linéaire peut être décomposé en une partie quadratique inertielle et une partie visqueuse

$$\mathcal{N}(\psi) = \mathcal{N}_I(\psi) + \mathcal{N}_V(\psi). \tag{2.49}$$

avec

$$\mathcal{N}_I(\psi) = J(\psi, \Delta\,\psi). \tag{2.50}$$

Dans le chapitre suivant, nous allons aborder une analyse linéaire de stabilité de l'écoulement considéré, les termes non linéaires $N(\psi)$ de l'équation aux perturbations seront négligés, alors que dans l'analyse faiblement non linéaire, ces termes seront approchés par un développement asymptotique. Dans le dernier chapitre nous allons effectuer une analyse fortement non linéaire de stabilité où tous les termes seront conservés.

Analyse linéaire de stabilité

Sommaire

Dans ce chapitre, on étudie la stabilité de l'écoulement d'un fluide rhéo-fluidifiant dans un canal plan vis-à-vis d'une perturbation infinitésimale. Ce chapitre est organisé comme suit : dans la section 1, on rappelle les équations aux perturbations linéarisées écrites pour tout fluide purement visqueux non-Newtonien. La recherche de solutions en modes normaux conduit à un problème aux valeurs propres dont la résolution numérique désormais classique est décrite brièvement dans la section 2. Les résultats numériques sont présentés et discutés en section 3. Le problème adjoint, qui est en fait utile pour le chapitre suivant, est présenté et résolu en section 4. On termine par une conclusion où on rappelle l'essentiel des résultats obtenus.

3.1   Equation aux perturbations linéarisées

La linéarisation de l'équation (2.22) autour de l'écoulement de base est
donnée par

$$
\frac{\partial}{\partial t}\Delta\psi = \left(D^2 U_b - U_b\,\Delta\right)\frac{\partial\psi}{\partial x} + \frac{1}{Re}\frac{\partial^2}{\partial x\partial y}\left[\mu_b\left(\dot{\gamma}_{xx}\left(\psi\right) - \dot{\gamma}_{yy}\left(\psi\right)\right)\right]
$$

$$
+ \frac{1}{Re}\left(\frac{\partial^2}{\partial y^2} - \frac{\partial^2}{\partial x^2}\right)\mu_t\dot{\gamma}_{xy}\left(\psi\right) \tag{3.1}
$$

La condition d'adhérence et le fait que le fluide ne traverse pas la paroi, se
traduisent par :

$$
\frac{\partial\psi}{\partial x} = \frac{\partial\psi}{\partial y} = 0 \qquad y = \pm 1. \tag{3.2}
$$

Remarque : Cette étude est restreinte au cas bidimensionnel, même si
le théorème de Squire n'a pas été démontré dans le cas d'un fluide rhéofluidifiant. La difficulté principale réside dans l'anisotropie du tenseur des
contraintes associé à la perturbation ; dans le cas dit "purement stratifié", où
le profil de viscosité n'est pas perturbé, i.e. $\mu_b = \mu_b(y)$ et $\tau_{ij} = \mu_b\dot{\gamma}_{ij}$, le théorème de Squire s'applique. Lorsque la perturbation de la viscosité est prise
en compte, le déviateur du tenseur des contraintes associé à la perturbation
fait intervenir la viscosité tangente $\mu_t \ll \mu_b$; $\tau'_{ij} = \mu_t\dot{\gamma}'_{ij}$ si $ij = xy$ ou yx et
$\tau'_{ij} = \mu_b\dot{\gamma}'_{ij}$ si $ij \neq xy$ ou yx. En d'autre termes, dans le plan (x, y), la perturbation voit une viscosité plus faible ($\mu_t < \mu_b$) que dans les autres plans. Ceci
est en faveur du développement de la perturbation bidimensionnelle dans le
plan (x, y).

L'équation (3.1) étant invariante par translation dans la direction x, toute
solution peut alors être écrite sous la forme d'une superposition de modes de
Fourier complexes :

$$
\psi(x, y; t) = \psi(y, t)\exp\left(i\alpha x\right) \tag{3.3}
$$

avec $\alpha \in \mathbb{R}^+$ le nombre d'onde du mode. Comme on s'intéresse au comportement aux temps longs de la perturbation, l'approche modale est adoptée :

$$\psi(x,y;t) = f_{1,1}(y) \exp\left[i\alpha\left(x - c\,t\right)\right] \tag{3.4}$$

où $c = c_r + i\,c_i$ est la vitesse complexe de l'onde. La partie réelle c_r est la vitesse de phase et la partie imaginaire c_i donne le taux d'amplification ou d'amortissement de la perturbation $\alpha\,c_i$. Lorsque $c_i < 0$, la perturbation s'amortit au cours du temps et l'écoulement est stable. En substituant $\psi(x,y;t)$ par son expression (3.4) dans (3.1) on aboutit à l'équation d'Orr-Sommerfeld modifiée

$$L_1\,f_{1,1} = 0 \tag{3.5}$$

avec

$$\begin{aligned}
L_1 \equiv\ & -\,i\,\alpha\,c\,S_1 + i\,\alpha\left[U_b\,S_1 - D^2 U_b\right] - \frac{1}{Re}\mathcal{G}_1\left[(\mu_t - \mu_b)\,\mathcal{G}_1\right] \\
& - \frac{1}{Re}\left[\mu_b\,S_1^2 + 2\,(D\mu_b)\,S_1\,D + \left(D^2\mu_b\right)\mathcal{G}_1\right].
\end{aligned} \tag{3.6}$$

Les opérateurs S_n et $\mathcal{G}_n$ sont définis par

$$S_n \equiv D^2 - n^2\,\alpha^2 \qquad \text{et} \qquad \mathcal{G}_n \equiv D^2 + n^2\,\alpha^2 \quad , \quad n \geq 1. \tag{3.7}$$

Les conditions limites (3.2) deviennent

$$f_{1,1} = Df_{1,1} = 0 \qquad \text{en} \qquad y = \pm 1. \tag{3.8}$$

où $D \equiv \dfrac{d}{dy}$.

Le problème aux valeurs propres (3.5)-(3.8) est invariant par la transformation $y \mapsto -y$, et les conditions limites homogènes. Par conséquent, les

modes propres sont impairs ou pairs sous $y \mapsto -y$. On considère uniquement les modes pairs. En effet, ces modes peuvent être amplifiés alors que
les modes impairs sont amortis [Drazin & Reid 1995]. Les conditions limites
en $y = -1$ sont remplacées par des conditions de parité écrites en $y = 0$

$$Df_{1,1} = D^3 f_{1,1} = 0 \qquad \text{en} \qquad y = 0. \tag{3.9}$$

Etant donné que tout multiple d'une fonction propre est aussi une fonction
propre, on a normalisé $f_{1,1}$ sous la forme suivante

$$f_{1,1} = 1 \qquad \text{en} \qquad y = 0, \tag{3.10}$$

ce qui permet de fixer l'amplitude et la phase de l'onde (3.4). L'intérêt physique de cette normalisation est que la mesure de l'amplitude des fluctuations
de la vitesse axiale à $y = 0$ représentera l'amplitude de la perturbation.

3.2   Résolution numérique

Pour la résolution numérique du problème aux valeurs propres, nous avons
utilisé une méthode spectrale de collocation basée sur les polynômes de Chebyshev de première espèce, définis par :

$$T_n(y) = \cos n\theta \qquad \text{avec} \qquad \theta = \arccos(y) \qquad \text{et} \qquad |y| \leq 1. \tag{3.11}$$

Une approximation F_{11} de la solution est donnée par :

$$F_{11}(y) = \sum_{n=0}^{N} a_n T_n(y) \tag{3.12}$$

La méthode de collocation fait intervenir des points y_j appelés points de collocation où

$$f_{11}(y_j) = F_{11}(y_j) \tag{3.13}$$

[Canuto *et al.* 1988] ont donné les différents choix des points de collocation
et la précision correspondante. Pour notre étude, nous avons utilisé les points
de collocation de Gauss-Lobatto définis par

$$y_j = \cos\frac{\pi j}{N} \qquad \text{pour} \qquad j = 0, ..., N \tag{3.14}$$

Ces points sont les extrémas du N^{ieme} polynôme de Chebyshev retenu dans
la série tronquée. Le domaine d'étude $[0, 1]$ est transformé en $[-1, +1]$. Après
discrétisation de l'équation (3.5) sur une grille de Gauss-Lobatto, le problème
aux valeurs propres résultant est résolu par l'algorithme QZ sous Matlab. Les
conditions aux limites homogènes sont réécrites comme suit

$$f(y = 1) = p\, f(y = 1) \tag{3.15}$$

où p est un nombre complexe quelconque très différent de 1, choisi de façon à
ce qu'il s'écarte fortement du spectre aux valeurs propres qui nous intéresse.
Pour ces valeurs propres, la condition $f(y = 1) = 0$ est automatiquement
satisfaite. Pour déterminer le nombre adéquat $(N + 1)$ des polynômes de
Chebyshev, des spectres obtenus avec différents nombres de points de collocation ($N = 50, 100, 150, 200, 300$) ont été comparés. Il a été trouvé que,
pour garder le même degré de précision sur la valeur propre (5 chiffres après
la virgule) du mode le moins stable, pour tous les cas considérés ici, il est
nécessaire d'augmenter la valeur de N lorsque le caractère rhéofluidifiant devient plus important. Par exemple, on doit prendre $N = 200$ pour un fluide
de Carreau avec $n_c = 0.1$ et $\lambda = 10$, alors que pour un fluide Newtonien, il
suffit de prendre $N = 50$.

3.3   Résultats

3.3.1   Conditions critiques

Les conditions critiques ont été déterminées en imposant au mode le moins stable la condition $|c_i| \leq 10^{-5}$.

La figure 3.1 montre la variation du nombre de Reynolds critique Re_{cp} en fonction de la constante de temps adimensionnelle λ pour différentes valeurs de l'indice de rhéofluidification n_c. Le nombre de Reynolds critique est basée sur la viscosité calculée à la paroi

$$Re_{cp} = Re_c / \left(\mu_b\right)_p, \qquad (3.16)$$

Le nombre de Reynolds critique augmente lorsque les effets rhéofluidifiants deviennent plus marqués. Pour de grandes valeurs de λ, le nombre de Reynolds critique tend asymptotiquement vers celui obtenu pour la loi puissance.

On note aussi que l'évolution de Re_{cp} en fonction des paramètres rhéologiques est corrélée avec l'évolution du degré de stratification de la viscosité à la paroi, i.e. $\dfrac{1}{\mu_b} |D\mu_b|$ à $y = 1$ (voir figure 2.7). L'évolution du nombre d'onde critique avec le degré de la rhéofluidification a été décrite dans [Nouar *et al.* 2007b]. Pour des valeurs élevées de λ, lorsqu'on diminue n_c, la perturbation prend des longueurs d'ondes plus courtes et aussi des vitesses de phase plus petites (voir tableau 3.1).

D'autre part, on doit noter que, si la perturbation de la viscosité n'est pas prise en considération, i.e. si on met $\mu_t = \mu_b$ dans (3.6), l'effet stabilisant est plus prononcé et le nombre de Reynolds critique est 2 à 3 fois plus élevé [Nouar *et al.* 2007b]. L'effet stabilisant du caractère rhéofluidifiant est une conséquence de l'existence d'un gradient de viscosité dans la couche critique [Govindarajan *et al.* 2003].

n_c	λ	Re_{cp}	α_c	c_c
1	0	5772.22	1.0206	$2.640 \, 10^{-1}$
0.7	10	9257.62	0.995	$2.308 \, 10^{-1}$
0.5	10	13849.66	1.009	$2.070 \, 10^{-1}$
0.3	10	23519.04	1.1043	$1.810 \, 10^{-1}$
0.5	1	13225.62	0.9333	$2.004 \, 10^{-1}$
0.5	100	13732.71	1.013	$2.0861 \, 10^{-1}$

TABLE 3.1: Nombre de Reynolds critique Re_{cp}, nombre d'onde critique α_c et vitesse d'onde critique c_c pour différents paramètres rhéologiques.

L'épaisseur de la couche critique δ_c , où l'échange d'énergie entre la perturbation et l'écoulement de base a lieu, est représenté comme une fonction de n_c, pour différentes valeurs de λ, sur la figure 3.2. La couche critique devient plus mince lorsque les effets de la rhéofluidification augmentent.

3.3.2 Propriétés de l'onde critique

La structure des fonctions propres critiques est représentée, sur les figures 3.5 et 3.6 pour $\lambda = 10$ et différentes valeurs de n_c, et sur les figures 3.7 et 3.8 pour $n_c = 0.5$ et différentes valeurs de λ. Quelques caractéristiques de l'onde critique sont montrées sur les figures 3.3 et 3.4, pour un fluide Newtonien et un fluide de Carreau. Les lignes de courant sont plus concentrées au voisinage de la paroi, indiquant la présence d'un fort gradient de vitesse avec une large zone centrale non affectée. La pente des séparatrices (lignes où s'annule la fonction de courant) au voisinage de la paroi est liée à l'échange d'énergie entre la perturbation et l'écoulement moyen. Il a été montré par [Plaut et al. 2008] que, afin que la perturbation puisse extraire de l'énergie de l'écoulement de base, à travers l'action des contraintes de Reynolds, les séparatrices doivent s'incliner (par rapport à celles de l'écoulement moyen).

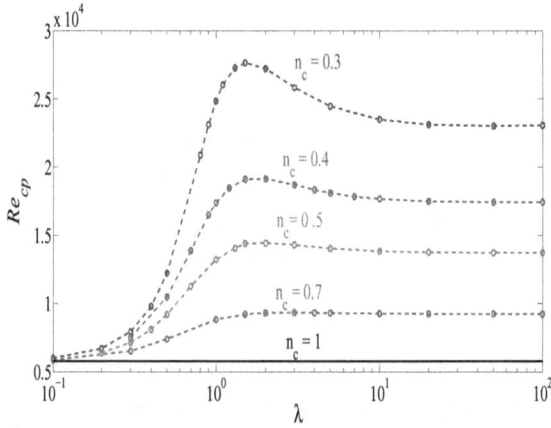

FIGURE 3.1: Nombre de Reynolds critique défini avec la viscosité à la paroi, en fonction du temps caractéristique adimensionnel λ du fluide, pour différentes valeurs de n_c.

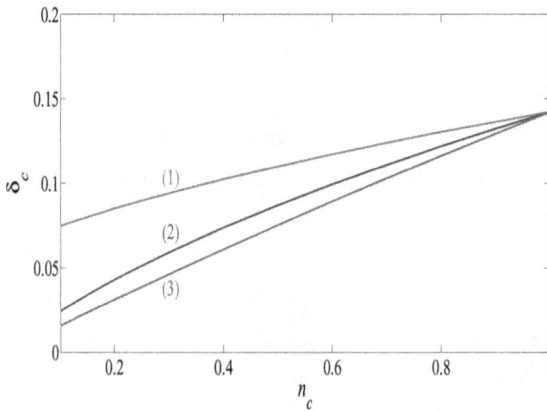

FIGURE 3.2: Epaisseur de la couche critique en fonction de n_c pour différentes λ : (1) $\lambda = 0.5$; (2) $\lambda = 1$; (3) $\lambda = 10$.

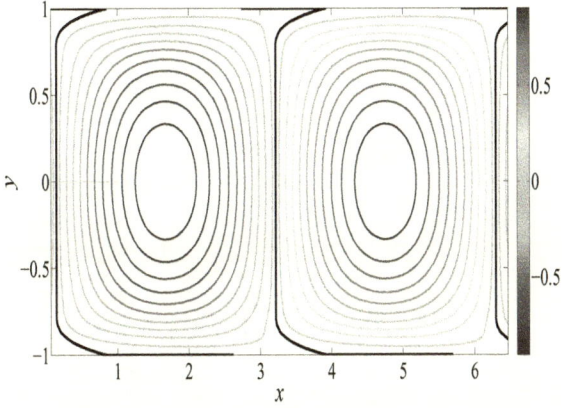

FIGURE 3.3: Iso-valeurs de la fonction de courant associée à l'onde critique d'un fluide Newtonien

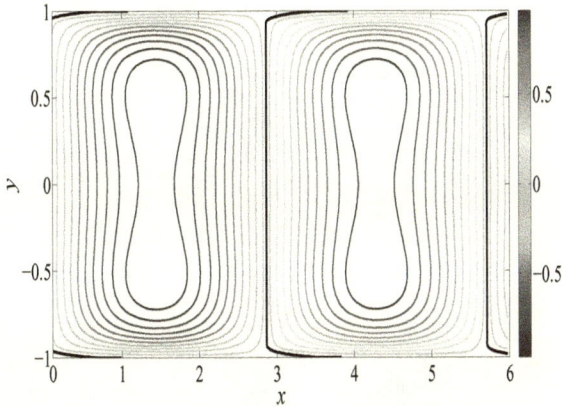

FIGURE 3.4: Iso-valeurs de la fonction de courant associée à l'onde critique d'un fluide de Carreau avec $\lambda = 10$ et $n_c = 0.3$. Les traits forts sont les séparatrices où s'annulent les fonctions de courant.

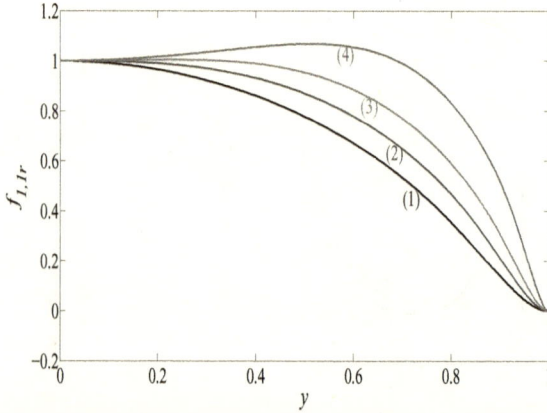

FIGURE 3.5: Partie réelle de la fonction propre associée au mode critique, pour $\lambda = 10$ et différentes valeurs de l'indice de rhéofluidification n_c : (1) $n_c = 1$, Newtonien ; (2) $n_c = 0.7$; (3) $n_c = 0.5$; (4) $n_c = 0.3$.

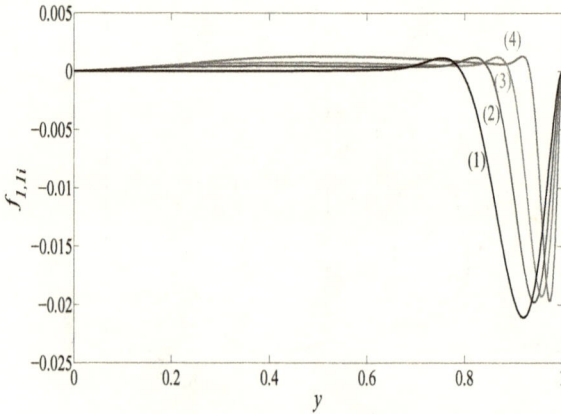

FIGURE 3.6: Partie imaginaire de la fonction propre associée au mode critique, pour $\lambda = 10$ et différentes valeurs de l'indice de rhéofluidification n_c : (1) $n_c = 1$, Newtonien ; (2) $n_c = 0.7$; (3) $n_c = 0.5$; (4) $n_c = 0.3$.

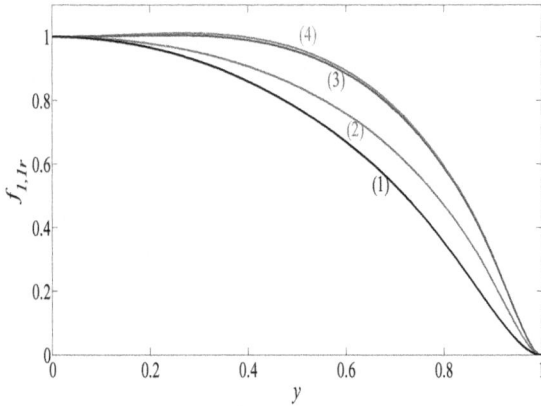

FIGURE 3.7: Partie réelle de la fonction propre associée au mode critique pour $n_c = 0.5$ et différentes valeurs de λ : (1) $\lambda = 0$, Newtonien; (2) $\lambda = 1$; (3) $\lambda = 10$; (4) $\lambda = 100$.

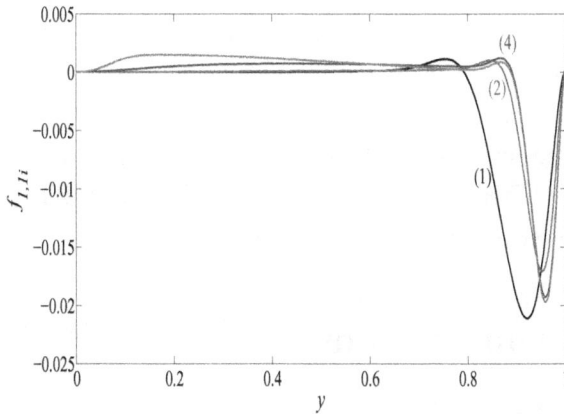

FIGURE 3.8: Partie imaginaire de la fonction propre associée au mode critique pour $n_c = 0.5$ et différentes valeurs de λ : (1) $\lambda = 0$, Newtonien; (2) $\lambda = 1$; (3) $\lambda = 10$; (4) $\lambda = 100$.

3.3.3   Equation de l'énergie

Pour analyser l'importance de la perturbation de la viscosité pour le nombre de Reynolds critique, on considère l'équation d'énergie de Reynolds-Orr tronquée à l'ordre $|A|^2$,

$$\frac{1}{2}\frac{d}{dt}\left\langle u_1^2 + v_1^2\right\rangle_{xy} = \ -\ \frac{1}{Re}\left\langle \mu_b \boldsymbol{\nabla}(\boldsymbol{v}_1) : \boldsymbol{\nabla}(\boldsymbol{v}_1)\right\rangle_{xy} - \left\langle u_1 v_1 \frac{dU_b}{dy}\right\rangle_{xy}$$

$$+\ \frac{1}{Re}\left\langle (\mu_b - \mu_t)\,(\dot{\gamma}_{xy})^2\right\rangle_{xy} \tag{3.17}$$

où $\langle . \rangle_{xy} = \displaystyle\int_0^{2\pi/\alpha}\int_0^1 (.)\,dy\,dx,$

u_1 et v_1 sont les composantes axiale et normale à la paroi du mode fondamental. Le premier terme du membre droit de l'équation, qui est dû à la dissipation, est toujours négatif. Le second terme est positif, puisque la perturbation extrait de l'énergie de l'écoulement de base, au voisinage de la paroi où s'inclinent les séparatrices. Le troisième terme provient de la perturbation de la viscosité. Il est positif, car $\mu_b > \mu_t$ pour les fluides rhéofluidifiants. Ceci mène à une réduction de la dissipation visqueuse, ce qui peut être considéré comme un terme source d'énergie. Il croît lorsque la différence entre la viscosité tangente et la viscosité effective augmente, c'est-à-dire il croît avec l'augmentation des effets de la rhéofluidification. Le déclenchement de l'instabilité est donc obtenu précocement par rapport au cas où la perturbation de la viscosité n'est pas prise en considération.

3.4   Problème adjoint

L'opérateur adjoint de L_1, équation (3.5), est défini avec le produit scalaire hermitien,

$$(f, g) = \int_0^1 f(y)\,g^*(y)\,dy \tag{3.18}$$

où $f(y)$ et $g(y)$ deux fonctions de $H^2([0,1])$.

Le problème adjoint homogène associé à (3.5) est donné par

$$L_1^\dagger f_{1,1}^\dagger = 0, \tag{3.19}$$

avec

$$L_1^\dagger \equiv i\,\alpha\,c^\dagger\,S_1 - i\,\alpha\,[U_b\,S_1 + 2\,(DU_b)\,D] - \frac{1}{Re}\mathcal{G}_1\,[(\mu_t - \mu_b)\,\mathcal{G}_1]$$
$$- \frac{1}{Re}\left[\mu_b\,S_1^2 + 2\,(D\mu_b)\,S_1\,D + (D^2\mu_b)\,\mathcal{G}_1\right] \tag{3.20}$$

et

$$Df_{1,1}^\dagger = D^3 f_{1,1}^\dagger = 0 \quad \text{en} \quad y = 0 \quad ; \quad f_{1,1}^\dagger = Df_{1,1}^\dagger = 0 \quad \text{en} \quad y = 1. \tag{3.21}$$

Les fonctions propres critiques de l'opérateur linéaire adjoint sont données sur les figures 3.9 et 3.10 pour différentes valeurs de l'indice de rhéofluidification n_c.

3.5 Conclusion

Une analyse linéaire de stabilité de l'écoulement de Poiseuille plan d'un fluide rhéofluidifiant a été effectuée. Les conditions critiques ont été déterminées pour une large gamme des paramètres rhéologiques. les résultats montrent que le nombre de Reynolds critique augmente avec le caractère rhéofluidifiant. L'augmentation de la stabilité est due à une réduction de l'échange d'énergie entre l'écoulement de base et la perturbation dans la couche critique.

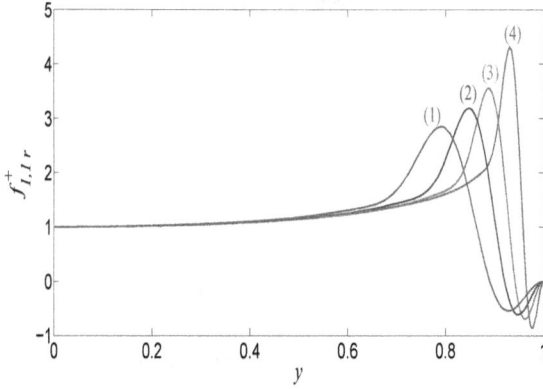

FIGURE 3.9: Partie réelle de la fonction propre critique associée à l'opérateur adjoint, pour $\lambda = 10$ et différentes valeurs de l'indice de rhéofluidification n_c : (1) Newtonien, (2) $n_c = 0.7$, (3) $n_c = 0.5$ and (4) $n_c = 0.3$.

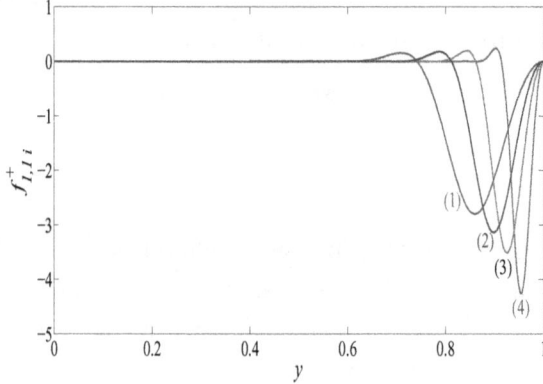

FIGURE 3.10: Partie imaginaire de la fonction propre critique associée à l'opérateur adjoint, pour $\lambda = 10$ et différentes valeurs de l'indice de rhéofluidification n_c : (1) Newtonien, (2) $n_c = 0.7$, (3) $n_c = 0.5$ and (4) $n_c = 0.3$.

CHAPITRE 4

Analyse faiblement non linéaire de stabilité

Sommaire

Dans ce chapitre, on effectue une analyse faiblement non linéaire de stabilité de l'écoulement de Poiseuille plan d'un fluide rhéofluidifiant. Le but est de faire ressortir les effets non linéaires de la loi de comportement rhéologique au voisinage des conditions critiques sur : (i) la nature de la bifurcation, (ii) la modification de l'écoulement moyen, (iii) la génération des harmoniques et (iv) l'amplitude critique de la perturbation qui délimite le bassin d'attraction de l'écoulement laminaire. Ce chapitre est organisé en huit sections. Dans la section 1, on établit les équations qui régissent l'analyse faiblement non linéaire. Celle-ci est basée sur un développement asymptotique en amplitude de la perturbation. Les équations sont écrites dans le cas général d'un fluide non Newtonien purement visqueux. Dans les sections 2 à 6, on analyse les résultats en déterminant la contribution des termes non linéaires d'inertie et des termes non linéaires visqueux sur la nature de la bifurcation, à travers le premier coefficient de Landau, et sur la réorganisation de l'écoulement au voisinage des conditions critiques. Les résultats obtenus sont validés par le calcul de constantes de Landau d'ordre supérieur en section 7. La dernière section de ce chapitre est une synthèse des principaux résultats.

4.1   Développement asymptotique et équation de Landau

Cette approche de la stabilité non linéaire a été proposée, pour la première fois, par [Stuart 1960] pour l'écoulement de Poiseuille plan. Les bases mathématiques de cette approche pour les écoulements parallèles cisaillés ont été développées par [Stuart 1960] et [Watson 1960]. A partir des équations de Navier-Stokes et par des méthodes de perturbation, ils ont montré comment obtenir l'équation de Landau, aussi appelée équation de Stuart-Landau,

$$\frac{dA}{dt} = a_0 \, A + \sum_{j=1}^{+\infty} g_j A^{2j+1}, \qquad (4.1)$$

donnant l'évolution temporelle non linéaire de l'amplitude de la perturbation. Dans cette équation, l'amplitude $A(t)$ est réelle, a_0 est le taux d'amplification linéaire et g_j le j^{ieme} coefficient de Landau.

Nous reprenons en grande partie la démarche de [Herbert 1983]. Une fois les paramètres critiques déterminés lors de l'analyse linéaire de stabilité, une analyse faiblement non linéaire est menée. On suppose que la solution peut être obtenue sous la forme d'un développement asymptotique avec comme terme dominant le mode critique ou mode fondamental. L'interaction du fondamental avec lui même et avec son complexe conjugué, à travers les termes non linéaires d'inertie et visqueux, va d'une part modifier l'écoulement de base et, d'autre part, créer des harmoniques. En plus, la vitesse de phase et le taux d'amplification vont changer avec l'amplitude de la perturbation. Il semble naturel de chercher une solution du problème non linéaire sous la forme d'une série de Fourier :

$$\psi(x, y; t) = \sum_{n=-\infty}^{+\infty} \psi_n(y, t)\, E^n \qquad \text{avec} \qquad E = e^{i(\alpha_c x - \sigma(t))} \qquad (4.2)$$

Dans cette équation $\sigma(t)$ est réelle, et l'amplification temporelle de la perturbation est contenue dans les coefficients de Fourier $\psi_n(y, t)$. Etant donné que $\psi(x, y; t)$ est réelle,

$$\psi_{-n}(y, t) = \psi_n(y, t)^* \qquad (4.3)$$

où $*$ désigne le complexe conjugué. Il est important de noter qu'en utilisant la série (4.2), on se restreint à la classe de solutions périodiques de période $2\pi/\alpha_c$. On fait aussi l'hypothèse que la solution non linéaire est déterminée uniquement par le fondamental et ses interactions non linéaires. En substituant ψ par son expression (4.2) dans l'équation (2.22) et en identifiant les coefficients de même $e^{in(\alpha_c x - \sigma(t))}$, on aboutit à un système infini d'équations aux dérivées partielles couplées pour les coefficients de Fourier, de la forme :

$$\left(\frac{\partial}{\partial t} - i\, n \frac{d\sigma}{dt} \right) S_n \psi_n = \mathcal{L}_n \psi_n + \sum_{l=-\infty}^{+\infty} N_I\left(\psi_l, \psi_{n-l} \right) + \left[N_V\left(\psi, ..., \psi \right) \right]_{E^n} \quad (4.4)$$

avec

$$
\mathcal{L}_n = in\alpha \left(D^2 U_b - U_b \, S_n \right) \; + \; \frac{1}{Re} \left[\mu_b {S_n}^2 + 2 \left(D\mu_b \right) S_n \, D + \left(D^2 \mu_b \right) \mathcal{G}_n \right]
$$
$$
+ \; \frac{1}{Re} \mathcal{G}_n \left[(\mu_t - \mu_b) \mathcal{G}_n \right]. \tag{4.5}
$$

On rappelle la définition des opérateurs S_n et $\mathcal{G}_n$ (introduits dans le chapitre précédent).

$$
S_n = D^2 - n^2 \alpha^2 \qquad \text{et} \qquad \mathcal{G}_n = D^2 + n^2 \alpha^2
$$

Dans l'équation (4.4), $[N_V(\psi, ..., \psi)]_{E^n}$ signifie le coefficient de $e^{in(\alpha_c x - \sigma(t))}$ qui provient des termes non linéaires visqueux $N_V(\psi, ..., \psi)$. Les conditions limites pour ψ_n sont

$$
\frac{\partial \psi_n}{\partial y} = in\alpha_c \, \psi_n = 0 \qquad \text{en} \qquad y = \pm 1. \tag{4.6}
$$

Pour $n = 0$, les quatre conditions limites (4.6) se réduisent à deux. Cependant, les équations (4.4) et (4.5) pour le calcul de ψ_0 font intervenir une dérivée d'ordre quatre. Il y a donc deux degrés de liberté. Le premier vient du fait que la fonction de courant est déterminée à une constante près. L'intégration de l'équation (4.4) suivant y fait apparaître une constante d'intégration qui dépend du temps. Par comparaison avec l'équation de mouvement (2.9) projetée suivant x et moyennée sur une longueur d'onde $2\pi/\alpha_c$, on montre que la constante d'intégration est équivalente à $< \partial p / \partial x >_x$, où

$$
< \, . \, >_x = \frac{\alpha_c}{2\pi} \int_0^{\frac{2\pi}{\alpha}} (.)dx. \tag{4.7}
$$

Lorsque le gradient de pression est imposé, $< \partial p / \partial x >_x = 0$: par conséquent la constante d'intégration est nulle. Par contre lorsque le débit est imposé, on doit écrire

$$
\psi_0 = 0 \qquad \text{en} \qquad y = \pm 1. \tag{4.8}
$$

Le système d'équations aux dérivées partielles (4.4) est difficile à résoudre. Une solution est alors cherchée sous forme d'un développement asymptotique, dont le petit paramètre est l'amplitude $A(t)$ du fondamental. D'une manière plus précise, on pose

$$\psi_1(y,t) = A(t)\,\phi_1(y,t) \qquad (4.9)$$

avec la condition de normalisation

$$\phi_1(0,t) = 1. \qquad (4.10)$$

A un coefficient près, l'amplitude $A(t)$ peut être considérée comme une mesure de la r.m.s des fluctuations de la vitesse axiale à $y = 0$. En outre, lorsque l'amplitude $A(t)$ tend vers zéro, les termes $O(A)$ de la solution non linéaire doivent converger vers la solution du problème linéaire. Par conséquent

$$\frac{1}{A}\frac{dA}{dt} \longrightarrow a_0 = \alpha c_i \qquad \text{et} \qquad \frac{d\sigma}{dt} \longrightarrow \omega_0 = \alpha c_r. \qquad (4.11)$$

En substituant (4.9) dans les termes de forçage de l'équation (4.4), il est clair qu'à l'ordre principal ψ_2 soit un $O(A^2)$. De manière similaire, ψ_2 va générer des harmoniques supérieurs ψ_n, tels qu'à l'ordre principal ψ_n est un $O(A^n)$. Ainsi, la solution ψ_n peut s'écrire sous la forme

$$\psi_n(y,t) = A^n\,\phi_n(y,t), \qquad (4.12)$$

avec $\phi_n = O(1)$ si $n \neq 0$ et $\phi_0 = O(A^2)$, lorsque $A \to 0$. La substitution de (4.12) dans (4.4) et (4.6) conduit, après avoir identifié les termes en A^n, à un système d'équations aux dérivées partielles pour ϕ_n, qui peut être mis sous la forme :

$$\left(\frac{\partial}{\partial t} + n\left(a - i\omega\right)\right)\mathcal{S}_n\phi_n = \mathcal{L}_n\phi_n + \sum_{l=-\infty}^{+\infty} N_I\left(\phi_l, \phi_{n-l}\right) + \left[N_V\left(\phi, ..., \phi\right)\right]_{E^n, A^n},$$

$$\text{avec } \frac{\partial \phi_n}{\partial y} = n\,\phi_n = 0 \quad \text{en} \quad y = \pm 1, \tag{4.13}$$

où

$$a = \frac{1}{A}\frac{dA}{dt} \quad ; \quad \omega = \frac{d\sigma}{dt}. \tag{4.14}$$

Dans cette équation, $\left[N_V\left(\phi, ..., \phi\right)\right]_{E^n, A^n}$ signifie le coefficient de $E^n A^n$ qui provient des termes non linéaires visqueux $N_V(\psi, ..., \psi)$. Lorsque $A \to 0$, tous les ϕ_n sont $O(1)$ ou $O(A^2)$. Par conséquent, les termes de forçage de l'équation (4.13) vont générer des termes en puissances croissantes de A^2. Ceci conduit à chercher des solutions ϕ_n sous la forme :

$$\phi_n(y, t) = \sum_{m=0}^{\infty} f_{n, 2m+n}(y)\, A^{2m}, \tag{4.15}$$

où $f_{n, 2m+n} = O(1)$. Pour des raisons de compatibilité, on doit avoir

$$a = \sum_{m=0}^{\infty} a_m\, A^{2m} \quad ; \quad \omega = \sum_{m=0}^{\infty} \omega_m\, A^{2m}. \tag{4.16}$$

En substituant ϕ_n, a et ω par leurs expressions respectives données ci-dessus dans l'équation (4.13) et en identifiant les termes de puissance de A^{2m}, un système infini d'équations différentielles en $f_{n, 2m+n}$ est obtenu.

Ce système peut être résolu de manière hiérarchique. Il est donné par :

$$
(2ma_0 + ng_0) \, S_n \, f_{n,2m+n} + \sum_{p=1}^{m} \left[2(m-p)a_p + ng_p \right] S_n \, f_{n,2(m-p)+n} =
$$

$$
\mathcal{L}_n f_{n,2m+n} + \sum_{l=-\infty}^{+\infty} N_I \left(\phi_l, \phi_{n-l} \right) + \left[N_V \left(\phi, ..., \phi \right) \right]_{E^n, A^{2m+n}} \quad (4.17)
$$

où $g_p = a_p - i\,\omega_p, \quad p \geq 0.$

L'équation précédente peut aussi être écrite autrement, en introduisant l'opérateur $L_n = ng_0 S_n - \mathcal{L}_n$, soit

$$
(L_n + 2ma_0 S_n) \, f_{n,2m+n} = - \sum_{p=1}^{m} \left[2(m-p)a_p + ng_p \right] S_n \, f_{n,2(m-p)+n}
$$

$$
+ \left[N_I \left(\psi, \psi \right) \right]_{E^n, A^{2m+n}} + \left[N_V \left(\psi, ..., \psi \right) \right]_{E^n, A^{2m+n}} \quad (4.18)
$$

Les conditions limites sont

$$
\frac{df_{n,2m+n}}{dy} = n \, f_{n,2m+n} = 0 \qquad \text{en} \qquad y = \pm 1 \qquad (4.19)
$$

Comme nous avons imposé $\phi_1(0,t) = 1$, alors

$$
f_{1,2m+1} = 0 \qquad \text{pour} \qquad m > 0 \qquad \text{en} \qquad y = 0 \qquad (4.20)
$$

4.2   Procédure de résolution

On résout le système d'équations différentielles (4.18) de manière hiérar-chique, suivant les valeurs croissantes de $l = 2m+n$ (exposant de l'amplitude A^{2m+n}). En commençant par $l = 1, m = 0, n = 1$, on retrouve

$$L_1 f_{1,1} = 0. \tag{4.21}$$

C'est le problème linéaire qui nous permet de déterminer le fondamental autour duquel le développement asymptotique est effectué.

Le problème $l = 2, m = 1, n = 0$, donne la première correction de l'écoule-ment moyen. Le problème $l = 2, m = 0, n = 2$, donne le premier harmonique du fondamental. Le problème $l = 3, m = 1, n = 1$ permet de calculer le premier coefficient de Landau moyennant la condition de solvabilité. Les cal-culs ont été poursuivis jusqu'à $l = 7$. Les termes bilinéaires (N_I et N_{Vquad}) et trilinéaires (N_{Vcub}), intervenant dans le système d'équations différentielles (4.18) sont donnés en annexe A. On note ici que dans les sections $4.3 - 4.6$ les calculs sont effectués dans les conditions critiques.

4.3   Modification de l'écoulement moyen

4.3.1   Modification à gradient de pression imposé

L'interaction du mode fondamental $A f_{1,1} E^1$ avec son complexe conju-gué produit une correction de l'écoulement moyen, $A^2 u_{0,2}$, où $u_{0,2} = D f_{0,2}$. Lorsqu'on travaille à gradient de pression imposé, la correction $u_{0,2}$ de l'écou-lement moyen est déterminée à partir de l'équation de mouvement suivant x et moyennée sur une longueur d'onde $(2\pi/\alpha_c)$:

$$\left\langle \frac{\partial}{\partial y}(uv) \right\rangle_x = \left\langle \frac{\partial}{\partial y}\tau_{1,xy} \right\rangle_x + \left\langle \frac{\partial}{\partial y}\tau_{2,xy} \right\rangle_x , \tag{4.22}$$

En utilisant $(2.21), (2.39)$ et (2.41), on peut montrer que u_{02} satisfait l'équation

$$
\begin{aligned}
\frac{1}{Re} D\left(\mu_t\, Du_{0,2}\right) = {}& -i\alpha D\left(f_{1,1}Df_{1,1}^* - f_{1,1}^*Df_{1,1}\right) \\
& - \frac{2}{Re}D\left[\dot{\gamma}_{xy}^b\, \left.\frac{\partial \mu}{\partial \Gamma}\right|_b \left(3\,|\,\mathcal{G}_1 f_{1,1}\,|^2 + 4\alpha^2|\,Df_{1,1}\,|^2\right)\right] \\
& - \frac{4}{Re}D\left[\dot{\gamma}_{xy}^b\, \Gamma_b\, \left.\frac{\partial^2 \mu}{\partial \Gamma^2}\right|_b\, |\,\mathcal{G}_1 f_{1,1}\,|^2\right].
\end{aligned}
\tag{4.23}
$$

avec les conditions limites et de parité

$$
u_{0,2} = 0 \quad \text{en} \quad y = 1 \qquad \text{et} \quad Du_{0,2} = 0 \quad \text{en} \quad y = 0.
\tag{4.24}
$$

L'équation (4.23) est équivalente à celle qui serait obtenue par intégration suivant y de l'équation (4.18) écrite pour $l = 2, n = 0$ et $m = 1$. La constante d'intégration est égale à zéro. L'équation (4.23), avec les conditions limites associées (4.24), est résolue numériquement par une méthode spectrale de collocation basée sur les polynômes de Chebyshev.

Les figures 4.1 et 4.2 montrent la modification de l'écoulement moyen à l'ordre A^2 pour deux jeux de paramètres : $\lambda = 10$ et différentes valeurs de n_c et, pour $n_c = 0.5$ et différentes valeurs de λ. Pour un fluide Newtonien, courbe (1), l'écoulement est décéléré dans tout l'espace entre les deux plaques. Pour un fluide de Carreau, l'écoulement est accéléré au voisinage de la paroi et décéléré dans la zone centrale. En augmentant le caractère rhéofluidifiant (augmentation de λ ou diminution de n_c), l'accélération devient plus importante et plus confinée à la paroi. Cette modification de l'écoulement est le résultat du forçage produit, d'une part, par les termes non linéaires d'inertie et, d'autre part, par les termes non linéaires visqueux.

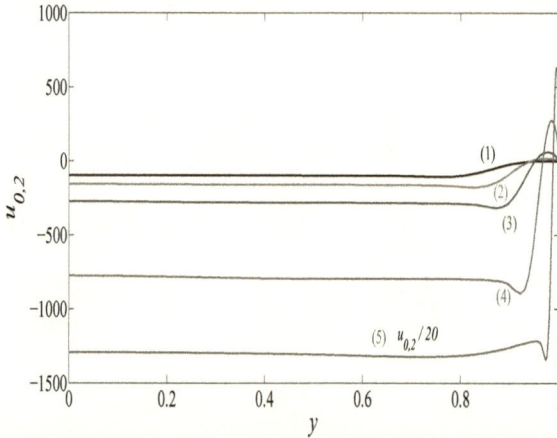

FIGURE 4.1: Modification de l'écoulement de base pour $\lambda = 10$ et différents n_c : (1) $n_c = 1$, Newtonien ; (2) $n_c = 0.7$; (3) $n_c = 0.5$; (4) $n_c = 0.3$; (5) $n_c = 0.1$ (pour ce dernier cas, nous avons représenté $u_{0,2}/20$ au lieu de $u_{0,2}$).

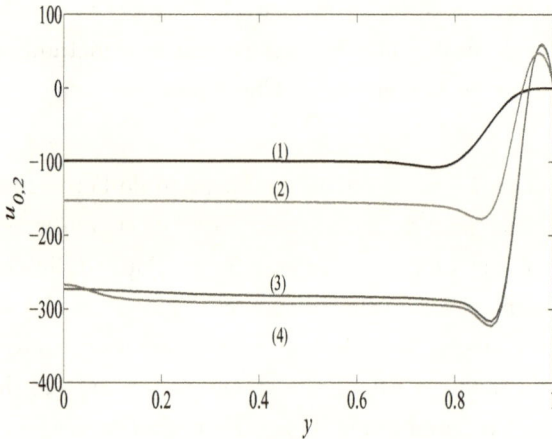

FIGURE 4.2: Modification de l'écoulement de base pour $n_c = 0.5$ et différents λ : (1) $\lambda = 0$, Newtonien ; (2) $\lambda = 1$; (3) $\lambda = 10$; (4) $\lambda = 100$.

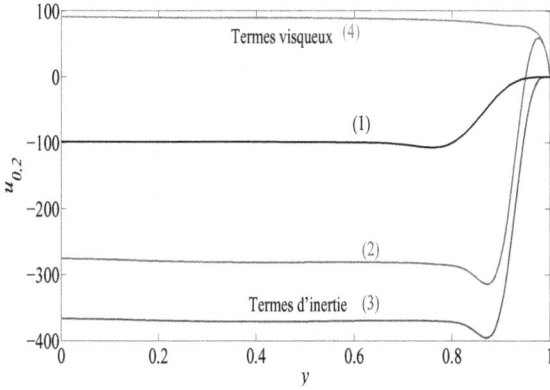

(a)

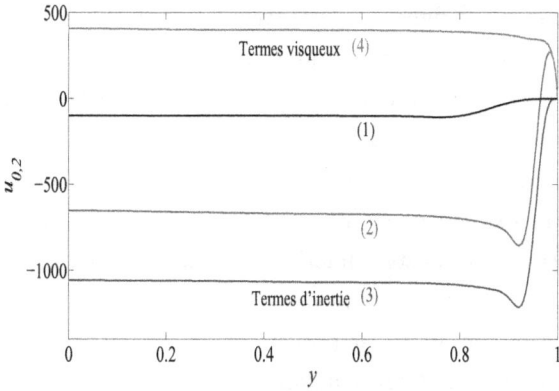

(b)

FIGURE 4.3: Modification de l'écoulement de base dans le cas $\lambda = 10$ et **(a)** $n_c = 0.5$, **(b)** $n_c = 0.3$: (1) Courbe de référence (fluide Newtonien); (2) Fluide de Carreau; (3) Un fluide de Carreau avec les termes non linéaires d'inertie seuls; (4) Un fluide de Carreau avec les termes non linéaires visqueux seuls.

Pour faire ressortir la contribution des termes non linéaires d'inertie, dans
la modification de l'écoulement moyen, on annule artificiellement les termes
non linéaires visqueux de l'équation (4.22). Le résultat est montré par les
courbes (3) sur les figures 4.3(a) et 4.3(b). L'écoulement est partout décéléré,
le débit est réduit comme dans le cas Newtonien. Au contraire, lorsqu'on
garde uniquement les termes non linéaires visqueux, l'écoulement est accéléré
dans tout l'espace entre les deux plaques (courbes (4) sur les figures 4.3(a)
et 4.3(b)), le débit est augmenté.

Afin d'interpréter ces résultats, l'équation (4.22) a été intégrée une première fois. A cause de la symétrie de u_{02} et $f_{1,1}$ sous $y \longmapsto -y$, on obtient

$$\frac{1}{Re} \mu_t \, Du_{0,2} \;=\; \langle u_1 v_1 \rangle_x - \langle \tau_{2,xy} \rangle_x \, . \tag{4.25}$$

Le premier terme du membre droit peut être relié à la pente x'_s des sépa-
ratrices, représentées sur la figure 3.4, à travers la relation $\langle u_1 v_1 \rangle_x = \langle v_1^2 \rangle_x \, x'_s$
[Plaut *et al.* 2008]. Les résultats numériques montrent que $\langle u_1 v_1 \rangle_x$ a le même
signe que $-dU_b/dy$, et croit en magnitude, dans la couche critique, avec
l'accroissement des effets de la rhéofluidification. Ainsi, la décélération importante de l'écoulement, illustrée par les courbes (3) dans les figures 4.3(a)
et 4.3(b), peut être expliquée par l'augmentation des contraintes de Rey-
nolds. D'autre part, les résultats numériques montrent aussi que $\langle \tau_{2,xy} \rangle_x$, la
contrainte de cisaillement visqueux provenant de l'interaction du fondamen-
tal avec son complexe conjugué, est positif et croit avec l'accroissement des
effets de la rhéofluidification. Ceci pourrait expliquer l'accélération de l'écoulement, provoquée par les termes non linéaires visqueux, illustrée par les
courbes (4) dans les figures 4.3(a) et 4.3(b). Le terme du membre gauche de
(4.25), *i.e.* $(1/Re)\mu_t \, (du_{02}/dy) = \tau_{1,xy}$, fait intervenir la viscosité tangente,
$\mu_t < \mu_b$, qui fait amplifier l'accélération et la décélération de l'écoulement
décrit précédemment.

4.3.2   Modification à débit imposé

Lorsque le débit est imposé, la modification $\tilde{u}_{0,2}\,(y)$ de l'écoulement moyen doit vérifier la condition

$$\langle \tilde{u}_{0,2}\,(y) \rangle_y = 0. \tag{4.26}$$

La composante axiale de l'équation de quantité de mouvement (4.22) moyennée sur une longueur d'onde et écrite à l'ordre A^2 est donnée par

$$\frac{d}{dy}\,(uv)_{0,2} = -\frac{d\tilde{P}_{0,2}}{dx} + \frac{1}{Re}\frac{d}{dy}\left[\mu_t\frac{d\tilde{u}_{0,2}}{dy}\right] + \frac{d}{dy}\,(\tau_{2xy})_{0,2} \tag{4.27}$$

où $\frac{d\tilde{P}_{0,2}}{dx}$ est la modification du gradient de pression à l'ordre A^2. Par comparaison avec (4.23), on obtient

$$\tilde{u}_{0,2}(y) = \quad u_{0,2}(y) - Re\frac{d\tilde{P}_{0,2}}{dx}\int_y^1 \frac{\zeta}{\mu_t}\mathrm{d}\zeta \tag{4.28}$$

$$\text{avec}\quad \frac{d\tilde{P}_{0,2}}{dx} = \quad \frac{1}{Re}\frac{\int_0^1 u_{0,2}(y)dy}{\int_0^1\int_y^1(\zeta/\mu_t)\mathrm{d}\zeta dy}.$$

Toutes les intégrales sont évaluées numériquement par la méthode de Clenshaw et Curtis décrite dans [Trefethen 2000]. La correction de l'écoulement moyen $\tilde{u}_{0,2}$ est représentée sur la figure 4.4 pour une valeur fixe de λ et différentes valeurs de n_c. En augmentant les effets de la rhéofluidification, on observe une accélération de l'écoulement dans une mince région près de la paroi, suivi par une décélération et puis encore une fois une légère accélération dans une large zone centrale du canal. La figure 4.5 montre la variation de $d\tilde{P}_{0,2}/dx$ en fonction de n_c pour une valeur de λ fixée. Le fait que $d\tilde{P}_{0,2}/dx$ soit négatif, signifie que la transition vers des ondes de Tollmien-Schlichting généralisées s'accompagne par une augmentation des pertes de charge. On note aussi qu'il existe des valeurs optimales des paramètres rhéologiques pour lesquelles, l'augmentation des pertes de charge est minimale et inférieure à celle obtenue pour un fluide Newtonien.

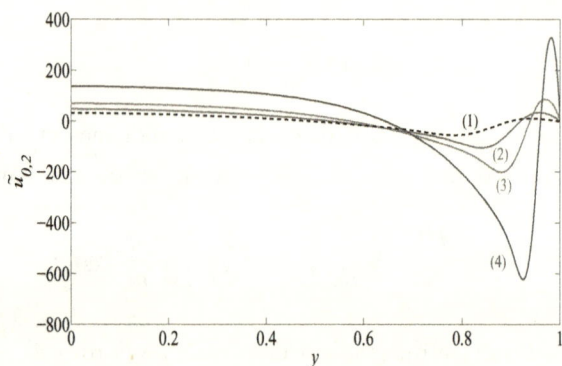

FIGURE 4.4: Modification de l'écoulement de base dans le cas d'écoulement à débit fixé, pour $\lambda = 10$ et différents n_c : (1) Courbe de référence obtenue pour un fluide Newtonien ; (2) $n_c = 0.7$; (3) $n_c = 0.5$; (4) $n_c = 0.3$.

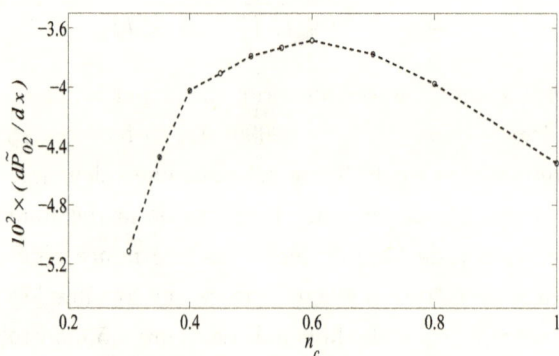

FIGURE 4.5: Correction du gradient de pression moyen, dans le cas d'écoulement à débit fixé, en fonction de n_c pour $\lambda = 10$.

4.4 Création du premier harmonique du mode fondamental

L'interaction du fondamental avec lui-même, à travers les termes non li-néaires quadratiques de l'équation de la perturbation, crée le premier harmo-nique du fondamental $f_{2,2}A^2E^2$. A l'ordre $l = 2$, $n = 2$ et $m = 0$, l'équation (4.18) se réduit à

$$L_2 f_{2,2} = N_I \left(f_{1,1}, f_{1,1} \right) + N_{Vquad} \left(f_{1,1}, f_{1,1} \right) \qquad (4.29)$$

avec les conditions limites et de parité

$$f_{2,2} = D f_{2,2} = 0 \quad \text{en} \quad y = 1 \quad \text{et} \quad f_{2,2} = D^2 f_{2,2} = 0 \quad \text{en} \quad y = 0. \quad (4.30)$$

Ce problème est résolu en utilisant la même approche numérique que celle décrite en §4.3. Le premier harmonique $f_{2,2}$, qui a une longueur d'onde égale à la moitié de celle du fondamental, est représenté sur la figure 4.6, aux conditions critiques pour un fluide de Carreau avec $\lambda = 10$ et $n_c = 0.3$. Les parties réelles et imaginaires de $f_{2,2}$ sont représentées sur les figures 4.7 et 4.8, pour une valeur de $\lambda = 10$ et différentes valeurs de n_c. On remarque que la rhéofluidification provoque une amplification importante de $f_{2,2}$.

Pour déterminer la contribution des termes non linéaires d'inertie, dans la création du premier harmonique, les termes non linéaires visqueux dans (4.29) sont annulés artificiellement, et vice-versa pour déterminer la contribution des termes non linéaires quadratique visqueux. Les résultats sont données sur les figures 4.9 et 4.10. On voit que le premier harmonique créé par les termes non linéaires visqueux est plus petit et d'une phase opposée à celui créé par les termes non linéaires quadratiques d'inertie. Ce qui révèle que probablement les mécanismes d'échange d'énergie entre le fondamental et son premier harmonique à travers les termes non linéaires d'inertie sont différents de ceux intervenant à travers les termes non linéaires visqueux.

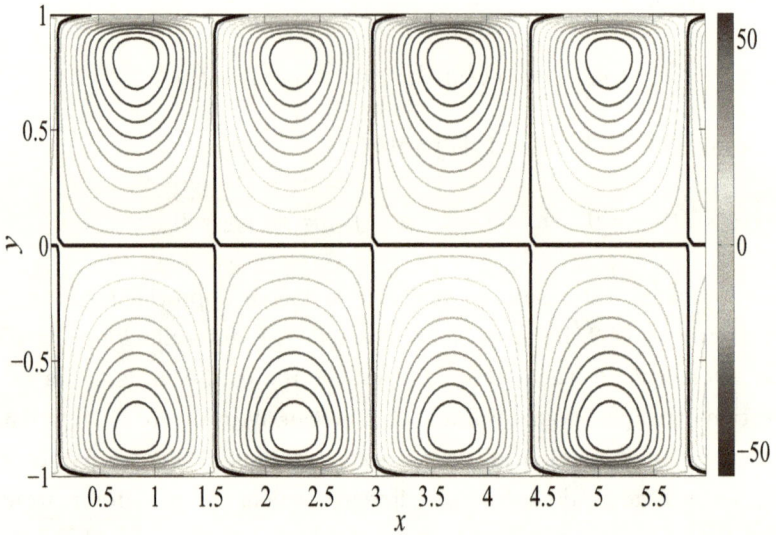

FIGURE 4.6: Iso-contours de la partie réelle du premier harmonique, $\mathcal{R}e\left(f_{2,2}E^2\right)$, aux conditions critiques à $t = 0$, pour un fluide de Carreau avec $\lambda = 10$ et $n_c = 0.3$.

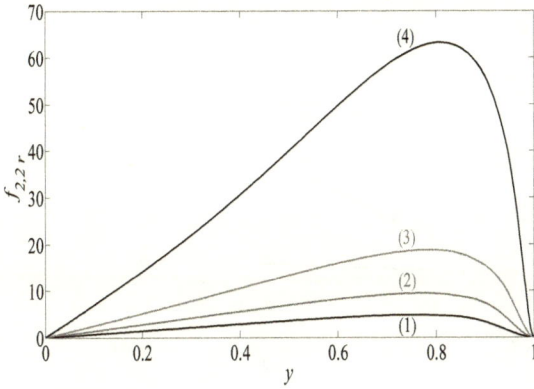

FIGURE 4.7: Parties réelles du premier harmonique du mode critique pour $\lambda = 10$ et différentes valeurs de n_c : (1) $n_c = 1$, Cas Newtonien ; (2) $n_c = 0.7$; (3) $n_c = 0.5$; (4) $n_c = 0.3$.

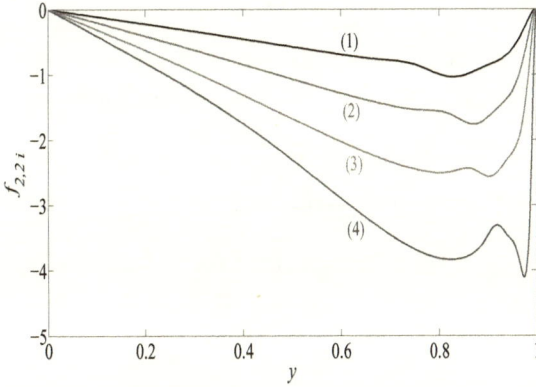

FIGURE 4.8: Parties imaginaires du premier harmonique du mode critique pour $\lambda = 10$ et différentes valeurs de n_c : (1) $n_c = 1$, Cas Newtonien ; (2) $n_c = 0.7$; (3) $n_c = 0.5$; (4) $n_c = 0.3$.

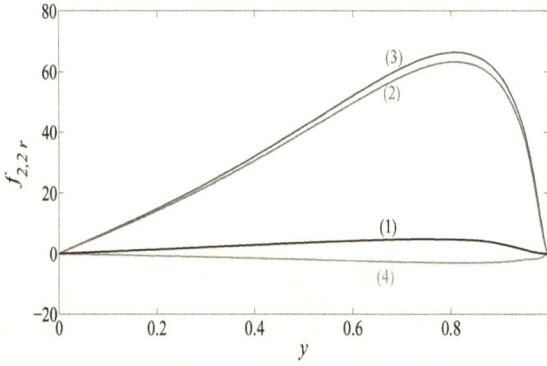

FIGURE 4.9: Parties réelles du premier harmonique du mode fondamental aux conditions critiques pour $\lambda = 10$ et $n_c = 0.3$: (1) $n_c = 1$, fluide Newtonien (courbe de référence) ; (2) fluide de Carreau ; (3) fluide de Carreau : contribution des termes d'inertie ; (4) fluide de Carreau : contribution des non linéarités des termes visqueux.

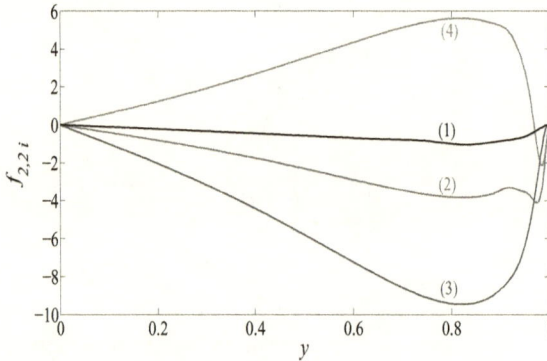

FIGURE 4.10: Parties imaginaires du premier harmonique du mode fondamental aux conditions critiques pour $\lambda = 10$ et $n_c = 0.3$: (1) $n_c = 1$, fluide Newtonien (courbe de référence) ; (2) fluide de Carreau ; (3) fluide de Carreau : contribution des termes d'inertie ; (4) fluide de Carreau : contribution des non linéarités des termes visqueux.

4.5 Calcul du coefficient cubique de Landau : nature de la bifurcation.

Le cas $l = 3$, $m = 1$ et $n = 1$ permet, d'une part, de calculer le premier coefficient de Landau (coefficient cubique), dont le signe va nous renseigner sur la nature de bifurcation et, d'autre part, de déterminer la modification du fondamental à l'ordre A^3. Cette modification du fondamental résulte de ses interactions non linéaires avec son premier harmonique et avec la modification de l'écoulement de base. Dans le cas particulier, $l = 3$, $m = 1$ et $n = 1$, l'équation (4.18) se réduit à

$$(L_1 + 2a_0 S_1)f_{1,3} = -g_1 S_1 f_{1,1} + [N_I\,(\psi, \psi)]_{E,A^3} + [N_V\,(\psi, \psi, \psi)]_{E,A^3} \,. \,(4.31)$$

Au voisinage immédiat des conditions critiques on pourra supposer que $a_0 = 0$, dans l'équation précédente, d'où

$$L_1 f_{1,3} = -g_1 S_1 f_{1,1} + [N_I\,(\psi, \psi)]_{E,A^3} + [N_V\,(\psi, \psi, \psi)]_{E,A^3} \,. \qquad (4.32)$$

Cette dernière équation admet une solution si la condition de solvabilité de Fredholm est satisfaite, c'est à dire si la partie non homogène de l'équation (4.32) est orthogonale au noyau de l'opérateur du problème homogène adjoint

$$\left(-g_1 S_1 f_{1,1} + [N_I\,(\psi, \psi)]_{E,A^3} + [N_V\,(\psi, \psi, \psi)]_{E,A^3}\,,\, f_{1,1}^+\right) = 0. \qquad (4.33)$$

Le problème homogène adjoint est donné dans le chapitre précédent (3.19) : $L_1^\dagger f_{1,1}^\dagger = 0$. Les termes non linéaires d'inertie $N_I\,(\psi, \psi)$ et visqueux $N_V\,(\psi, \psi, \psi)$ peuvent être écrits en faisant apparaître la contribution des différentes interactions,

$$N_I\,(\psi, \psi) \;=\; N_I(f_{0,2}|f_{1,1}) + N_I(f_{2,2}|f_{-1,1}) \qquad (4.34)$$

$$N_V\,(\psi, \psi, \psi) \;=\; N_{Vquad}(f_{0,2}|f_{1,1}) + N_{Vquad}(f_{2,2}|f_{-1,1}) + N_{Vcub}(f_{1,1}, f_{1,1}|f_{-1,1}) \,(4.35)$$

où

$$N_I\left(a|b\right) = N_I\left(a,b\right) + N_I\left(b,a\right).$$

La première constante de Landau (le coefficient cubique) g_1 peut aussi être décomposé en plusieurs termes pour faire apparaitre les différentes contributions

$$g_1 = g_1^I + g_1^V = \left(g_{10}^I + g_{12}^I\right) + \left(g_{10}^V + g_{12}^V + g_{1-11}^V\right), \qquad (4.36)$$

avec

$$g_{10}^I = \frac{\left(N_I(f_{0,2}|f_{1,1}), f_{1,1}^\dagger\right)}{\left(S_1 f_{1,1}, f_{1,1}^\dagger\right)} \quad , \quad g_{10}^V = \frac{\left(N_{Vquad}(f_{0,2}|f_{1,1}), f_{1,1}^\dagger\right)}{\left(S_1 f_{1,1}, f_{1,1}^\dagger\right)}, \quad (4.37)$$

$$g_{12}^I = \frac{\left(N_I(f_{2,2},|f_{-1,1}), f_{1,1}^\dagger\right)}{\left(S_1 f_{1,1}, f_{1,1}^\dagger\right)}, \quad g_{12}^V = \frac{\left(N_{Vquad}(f_{2,2}|f_{-1,1}), f_{1,1}^\dagger\right)}{\left(S_1 f_{1,1}, f_{1,1}^\dagger\right)} \quad (4.38)$$

$$g_{1-11}^V = \frac{\left(N_{Vcub}(f_{1,1}, f_{1,1}|f_{-1,1}), f_{1,1}^\dagger\right)}{\left(S_1 f_{1,1}, f_{1,1}^\dagger\right)}. \qquad (4.39)$$

Ainsi g_{10}^I et g_{10}^V représentent la rétroaction de la modification de l'écoulement de base sur l'onde critique, à travers les termes non linéaires d'inertie et visqueux respectivement. De la même façon g_{12}^I, g_{12}^V représentent la rétroaction du premier harmonique sur l'onde critique. Le coefficient cubique de Landau g_1 a été calculé pour $0 \leq \lambda \leq 100$ et $0.2 \leq n_c \leq 1$. Les intégrales (4.37)-(4.39) sont évaluées numériquement par la méthode de Clenshaw et Curtis. Sur la figure 4.11, nous représentons $g_{1r} = \mathcal{R}e\left(g_1\right)$ en fonction de λ pour différentes valeurs de n_c. Comme on s'y attendait, le signe de g_{1r} est positif, indiquant que la bifurcation est sous-critique.

Pour une valeur donnée de n_c, g_{1r} croit avec l'augmentation de λ et tend asymptotiquement vers une valeur constante qui correspond probablement à celle que l'on aurait dans le cas d'un fluide en loi de puissance. De manière similaire, pour une valeur donnée de λ, g_{1r} croit fortement avec la diminution de n_c. Les effets rhéofluidifiants tendent donc à augmenter le caractère sous-critique de la bifurcation alors que, paradoxalement, ils tendent à augmenter la stabilité de l'écoulement dans la théorie linéaire. Les contributions des différents termes g_{10}^I, g_{12}^I,.... (voir équations (4.37)-(4.39)) à la valeur de g_{1r}, sont données dans les tableaux 4.1 et 4.2, pour des écoulements à gradient de pression imposé et des écoulements à débit imposé, respectivement.

Les données montrent qu'avec l'augmentation de la rhéofluidification, le rôle de la rétroaction du premier harmonique sur la perturbation devient plus important dans la détermination du caractère sous-critique de la bifurcation ; alors que dans le cas Newtonien, le caractère sous-critique de la bifurcation est dû principalement à la rétroaction de la correction de l'écoulement moyen sur la perturbation, car g_{12}^I est négatif [Reynolds & Potter 1967], [Plaut et al. 2008].

Si les termes non linéaires visqueux sont annulés artificiellement dans l'équation de la perturbation (2.45) , des valeurs plus élevées de g_{1r} sont obtenues. Ceci peut être mis en évidence en comparant la courbe (3), obtenue sans les termes non linéaires visqueux, et la courbe (2) de la figure 4.12. Pour $\lambda \geq 10$, la différence relative est autour de 20%. Au contraire, si les termes non linéaires d'inertie sont annulés dans l'équation de la perturbation (2.45), g_{1r} est négatif et la bifurcation devient sur-critique (voir la courbe (4) de la figure 4.12). Par conséquent, pour les fluides rhéofluidifiants, la variation non linéaire de la viscosité μ avec le taux de cisaillement favorise une bifurcation sur-critique.

n_c	g_{1r}	g_{10}^I	g_{10}^V	g_{12}^I	g_{12}^V	g_{1-11}^V
1	29.72	39.48	0	-9.76	0	0
0.7	74.16	78.71	-3.44	-9.85	6.19	2.55
0.5	206.437	168.830	-11.34	12.613	32.468	3.860
0.4	428.068	288.250	-24.854	77.590	78.214	8.859
0.3	1211.231	613.329	-66.187	384.93	251.372	27.772
0.2	6391.031	2076.469	-137.864	3010.636	1467.892	118.363

TABLE 4.1: Ecoulement à gradient de pression fixé. Partie réelle de la première constante de Landau et la contribution des termes non linéaires d'inertie et visqueux, pour $\lambda = 10$ et différentes valeurs de n_c. Dans le cas Newtonien, la valeur de g_{1r} est en bon accord avec celle donnée par [Reynolds & Potter 1967].

n_c	g_{1r}	g_{10}^I	g_{10}^V	g_{12}^I	g_{12}^V	g_{1-11}^V
1	30.95	40.73	0	-9.791	0	0
0.7	78.42	81.40	-2.59	-9.271	7.95	0.92
0.5	198.87	163.51	-12.78	12.27	25.85	10.02
0.4	409.76	278.15	-27.06	74.24	62.67	21.75
0.3	1162.59	592.45	-69.89	376.07	206.34	57.61
0.2	6082.85	1979.84	-285.24	2890.39	1258.07	239.75

TABLE 4.2: Les mêmes données que celles du tableau 4.1, mais pour un écoulement à débit fixé. Dans le cas Newtonien, la valeur de g_{1r} est en bon accord avec celle donnée par [Fujimura 1989].

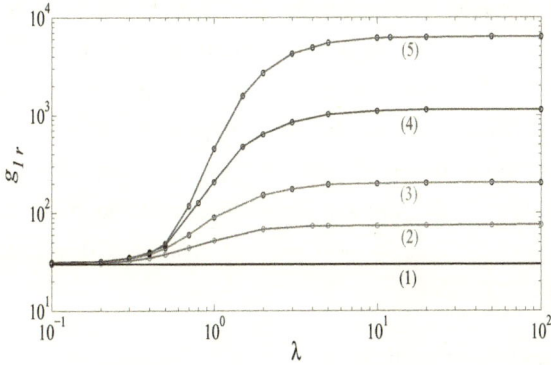

FIGURE 4.11: Partie réelle de la première constante de Landau en fonction de λ et différentes valeurs de n_c, pour un écoulement à gradient de pression imposé. (1) Cas Newtonien $n_c = 1$; (2) $n_c = 0.7$; (3) $n_c = 0.5$; (4) $n_c = 0.3$; (5) $n_c = 0.2$.

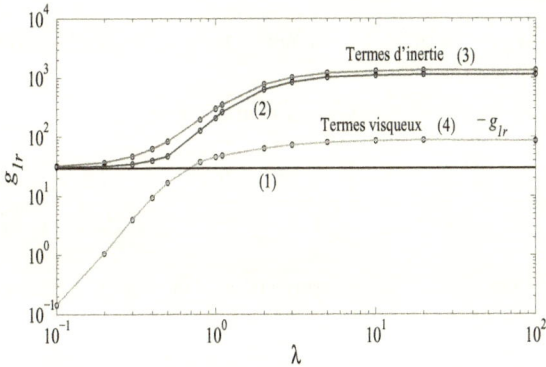

FIGURE 4.12: Partie réelle de la première constante de Landau en fonction de λ pour $n_c = 0.3$. Le résultat est montré par la courbe (2). La courbe (3) est obtenue lorsque seuls les termes non linéaires d'inertie sont retenus. La coubre (4) est obtenue lorsque seuls les termes visqueux sont retenus. La courbe (1) correspond au cas Newtonien

Dans ce qui précède, on a étudié la nature de la bifurcation en se plaçant
pratiquement sur la courbe de stabilité marginale où $a_0 = 0$. C'est la démarche classique utilisée dans la littérature [Drazin & Reid 1995]. Lorsqu'on
s'éloigne des conditions critiques et que l'hypothèse de $a_0 = 0$ ne peut plus
être effectuée, le calcul de g_{1r} doit se faire par une autre méthode. En effet,
si $a_0 \neq 0$, l'équation (4.31) devient inconditionnellement solvable. Pour calculer g_1 et $f_{1,3}$, [Sen & Venkateswarlu 1983] proposent d'utiliser le processus
itératif suivant :

(i) Une première approximation de g_1 est donnée par

$$g_1 = \frac{\left([N_I(\psi, \psi)] + [N_V(\psi, \psi, \psi)] \, , \, f_{1,1}^+ \right)}{\left(S_1 f_{1,1}, \, f_{1,1}^+ \right)} \tag{4.40}$$

(ii) Une première approximation de $f_{1,3}$ est solution de

$$(L_1 + 2a_0 S_1) f_{1,3} = -g_1 S_1 f_{1,1} + [N_I(\psi, \psi)]_{E,A^3} + [N_V(\psi, \psi, \psi)]_{E,A^3} \tag{4.41}$$

(iii) Une correction de g_1 est alors donnée par

$$g_1 = \frac{\left([N_I(\psi, \psi)] + [N_V(\psi, \psi, \psi)] \, , \, f_{1,1}^+ \right)}{\left(S_1 f_{1,1}, \, f_{1,1}^+ \right)} - 2a_0 \frac{\left(S_1 f_{1,3}, \, f_{1,1}^+ \right)}{\left(S_1 f_{1,1}, \, f_{1,1}^+ \right)}. \tag{4.42}$$

Ayant g_1, on boucle sur les étapes (ii) et (iii) jusqu'à convergence.

4.6   Amplitude critique

L'amplitude critique A_c, qui délimite le bassin d'attraction des écoulements parallèles non perturbés, est une autre quantité importante dans l'analyse non linéaire de stabilité. Elle est obtenue en mettant $dA/dt = 0$ dans l'équation de Landau-Stuart [Stuart 1958] , c'est-à-dire en supposant un équilibre entre le taux d'amplification linaire de la perturbation et sa correction due aux effets non linéaires. Au voisinage des conditions critiques, où $(Re - Re_c)/Re_c = \varepsilon << 1$, et en utilisant un développement de Taylor, le coefficient d'amplification temporelle $a_0 = \alpha c_i$ peut être écrit sous la forme $a_0 = \varepsilon/\tau_0 + O(\varepsilon^2)$, où τ_0 est un temps caractéristique. Ainsi, à l'ordre le plus bas en ε , l'amplitude critique est

$$A_c = \sqrt{\frac{\varepsilon}{\tau_0\, g_{1r}}}. \qquad (4.43)$$

On doit noter que $(da_0/d\varepsilon)_{\varepsilon=0}$ doit être évaluée pour un fluide et une géométrie d'écoulement donnés, c'est-à-dire pour une valeur constante de $\Lambda = \lambda/[Re_c\,(1-\varepsilon)]$. La figure 4.13 montre l'amplitude critique sous la forme $A_c/\sqrt{\varepsilon}$ en fonction de l'indice de rhéofluidification n_c. La courbe montre qu'avec l'augmentation de la rhéofluidification l'écoulement devient beaucoup plus sensible aux petites perturbations, puisque l'amplitude critique décroit considérablement avec l'augmentation des effets rhéofluidifiants, en d'autres termes, l'écoulement devient relativement non linéairement plus instable.

Les résultats numériques montrent aussi une diminution de la constante de temps τ_0. Par exemple, pour un fluide Newtonien on a $\tau_0 = 103.1$, en accord avec [Herbert 1980], alors que pour un fluide de Carreau, avec $n_c = 0.2$ et $\lambda = 100$, on trouve $\tau_0 = 63.11$. On doit noter ici que les valeurs numériques du coefficient de Landau et par conséquent les valeurs de A_c dépendent de la condition de normalisation utilisée pour les fonctions propres en analyse linéaire de stabilité. Cependant, les composantes physiques de la vitesse, c'est-à-dire le produit de l'amplitude par les fonctions propres de la théorie linéaire, ne dépendent pas de cette normalisation.

A titre d'exemple, on peut considérer la valeur minimale de l'énergie cinétique nécessaire pour une instabilité d'amplitude finie, définie par

$$\zeta = 2\,A_c^2 \int_0^1 \left[|Df_{1,1}|^2 + \alpha_c^2\,|f_{1,1}|^2 \right]\,dy. \tag{4.44}$$

Sur la figure 4.14 on a représenté l'énergie cinétique minimale sous la forme ζ/ε en fonction de l'indice de rhéofluidification n_c, pour $\lambda = 100$. On remarque que l'énergie cinétique minimale décroit considérablement avec la diminution de n_c, ce qui montre qu'avec l'augmentation de la rhéofluidification l'écoulement devient plus sensible aux petites perturbations.

4.7 Validation par le calcul de constantes de Landau d'ordre supérieur

Pour des écarts plus importants, par rapport aux conditions critiques, les constantes de Landau d'ordre supérieur deviennent très importantes et doivent être prises en considération. Nous avons poussé le développement faiblement non linéaire jusqu'à l'ordre sept en amplitude, pour un écoulement à débit fixé. Pour des raisons de clarté, les détails de calcul sont donnés en Annexe A.2. De même que pour un fluide Newtonien, les parties réelles des coefficients de Landau, pour un fluide rhéofluidifiant, ont des signes alternés et croissent rapidement avec l'augmentation de l'ordre en amplitude. Comme le montrent les données du tableau 4.3, l'augmentation des valeurs des constantes de Landau devient plus importante avec l'augmentation de la rhéofluidification. La figure 4.15 montre l'évolution de l'amplitude critique A_c en fonction de l'écart par rapport aux conditions critiques, $\varepsilon = (Re_c - Re)/Re_c$, pour différentes valeurs de l'indice de rhéofluidification n_c. Nous avons représenté les résultats obtenus avec des développements à l'ordre trois , cinq et sept en amplitude.

On remarque que pour $n_c = 0.3$, les trois courbes sont pratiquement confondues. Pour $\varepsilon = -0.05$, la différence relative en terme de A_c, entre les courbes du cinquième et septième ordre en amplitude, est de 0.6% pour $n_c = 0.3$ et de 4.6% pour un fluide Newtonien. Donc l'amplitude critique décroit avec l'augmentation des effets de la rhéofluidification. Ce résultat est valable au moins pour un écart relativement raisonnable par rapport aux conditions critiques.

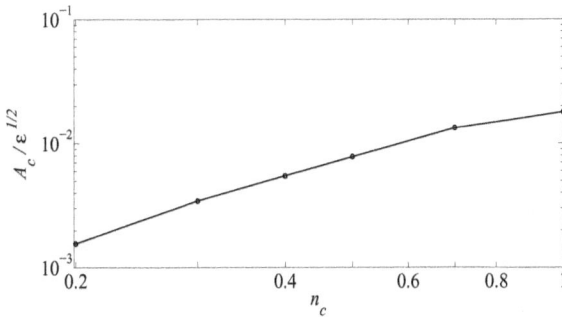

FIGURE 4.13: Amplitude critique au dessus de laquelle l'écoulement à gradient de pression fixé est non linéairement instable, en fonction de n_c, pour $\lambda = 100$.

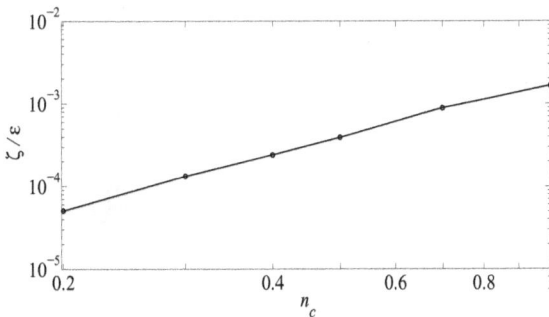

FIGURE 4.14: Energie cinétique critique, en fonction de n_c à $\lambda = 100$, dans un écoulement à gradient de pression imposé

n_c	g_{1r}	g_{2r}	g_{3r}
1	30.95	-3.00×10^5	6.78×10^9
1'	30.95	-3.00×10^5	6.39×10^9
0.7	78.42	-1.62×10^6	9.27×10^{10}
0.5	198.87	-9.52×10^7	1.30×10^{12}
0.3	1.17×10^3	-2.09×10^8	9.77×10^{13}

TABLE 4.3: Parties réelles des constantes de Landau pour $\lambda = 10$ et différentes valeurs de n_c. Dans le cas Newtonien, les valeurs de g_{1r}, g_{2r} et g_{3r} sont
en bon accord avec ceux donnés par [Fujimura 1989], pour un écoulement à
débit fixé, et reportés ici en ligne 1'.

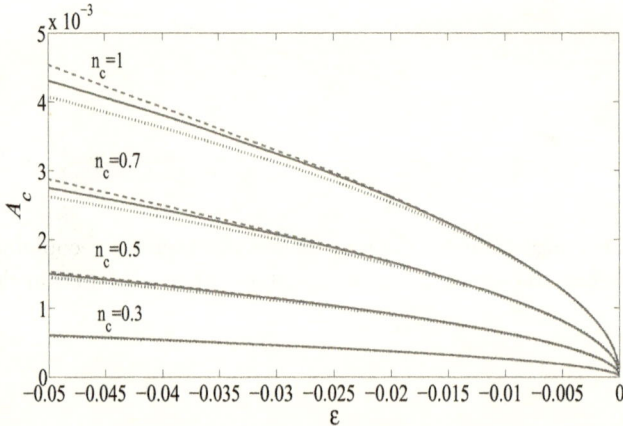

FIGURE 4.15: Amplitude critique en fonction de ε pour $\lambda = 10$ et différentes
valeurs de n_c, dans le cas d'un écoulement à débit fixé. On donne le degré de
troncature de l'équation de Stuart-Landau : (trait en pointillé) ordre cubique,
(trait discontinu) cinquième ordre, (trait continu) septième ordre.

4.8 Conclusion

L'étude présentée dans ce chapitre s'est focalisée sur la mise en évidence des premiers principes qui permettent de comprendre l'influence de la rhéofluidification sur la stabilité de l'écoulement vis-à-vis d'une perturbation d'amplitude finie. Comparativement au cas Newtonien, des non-linéarités supplémentaires apparaissent dans les équations de mouvement, à travers le comportement rhéologique du fluide. Ces termes supplémentaires ne sont pas analytiques et, en ce sens, sont plus fortement non-linéaires que les termes non linéaires quadratiques d'inertie. Une analyse faiblement non linéaire de la bifurcation vers des ondes de Tollmien-Schlichting bidimensionnelles est utilisée comme une première approche pour rendre compte des effets non linéaires. Un développement asymptotique en amplitude proposé par Landau et Stuart est adopté. Le modèle de Carreau est utilisé pour décrire le comportement rhéofluidifiant. Les principales conclusions de cette analyse sont : (i) les effets rhéofluidifiants tendent à réduire la dissipation visqueuse et à accélérer l'écoulement, alors que les termes non linéaires d'inertie décélèrent l'écoulement. (ii) Le premier harmonique créé par la non-linéarité du modèle rhéologique $\mu(\dot{\gamma})$ est plus faible en amplitude et de phase opposée par rapport à celui créé par les termes non linéaires quadratiques d'inertie.

Néanmoins, pour un fluide de Carreau, l'amplitude du premier harmonique augmente avec l'augmentation des effets rhéofluidifiants. (iii) La partie réelle du premier coefficient de Landau g_{1r} est positive et augmente lorsque n_c diminue ou λ augmente. Ainsi, l'augmentation des effets rhéofluidifiants se traduit par un renforcement de la nature sous-critique de la bifurcation, alors que dans la théorie linéaire, elle se traduit par un renforcement de la stabilité de l'écoulement [Chikkadi *et al.* 2005], [Nouar *et al.* 2007b]. Si les termes non linéaires visqueux sont annulés artificiellement, des valeurs de g_{1r} encore plus élevées sont obtenues. Par contre, si les termes non linéaires d'inertie sont annulés, g_{1r} est négatif et la bifurcation devient sur-critique.

En plus du coefficient de Landau, l'amplitude critique qui délimite le bassin d'attraction laminaire a été déterminée. Du fait de l'augmentation de g_{1r} avec l'accroissement des effets rhéofluidifiants, l'amplitude critique décroit lorsque n_c diminue ou λ augmente. Ce résultat a été confirmé en calculant des coefficients de Landau à des ordres plus élevés.

La méthode développé dans ce chapitre pour le calcul d'ondes non linéaires devient rapidement prohibitive et lourde lorsqu'on s'éloigne des conditions critiques. Une méthode numérique, telle que la méthode de continuation basée sur les méthodes de type Newton-Euler et les méthodes pseudo-spectrales sont plus performantes et feront l'objet du chapitre suivant.

Avant de clore ce chapitre, il est intéressant de noter que dans le problème de convection de Rayleigh-Benard, la bifurcation devient sous-critique à partir d'un certain degré de rhéofluidification [Balmforth & Rust 2009], [Albaalbaki & Khayat 2011]. Ce résultat est dans la même ligne que les résultats qu'on a obtenus, bien que les mécanismes physiques d'instabilité soient complètement différents. Ceci est probablement une propriété générique des instabilités de fluides rhéofluidifiants.

Calculs fortement non linéaires

Généralement, deux approches sont utilisées dans la littérature pour la résolution des équations aux perturbations. La première consiste en une simulation numérique directe de l'évolution temporelle de l'écoulement, en partant de conditions initiales données. Cette méthode permet de simuler numériquement le développement des écoulements observables expérimentalement. Les simulations numériques de haute résolution permettent d'accéder à certaines variables internes de l'écoulement, qui pourraient être difficilement mesurables dans des expériences réelles [Kim *et al.* 1987]. Les données

recueillies par simulation peuvent aussi être utilisées pour identifier et examiner certaines structures des écoulements, qui pourraient être observées
expérimentalement : des zones de forts cisaillements, des structures cohérentes,.... L'analyse de ces structures cohérentes et de leur évolution au cours
du temps pourrait permettre de bien comprendre leur rôle dans les mécanismes de transition et de production de la turbulence. Malgré la dispo-
nibilité de puissants moyens de calcul, leurs performances actuelles restent
insuffisantes pour résoudre les problèmes de petites échelles de la turbulence.
D'autres inconvénients de cette méthode est qu'elle ne permet pas de calculer des solutions instables, et qu'elle n'a pas beaucoup de contrôle sur le
développement des écoulements : il est difficile d'y introduire des paramètres
de contrôle permettant d'avoir des solutions avec certaines caractéristiques
spatiales et temporelles prédéfinies.

La deuxième approche consiste à trouver des solutions d'équilibre stationnaires ou propagatives, satisfaisant à certaines contraintes géométriques
imposées. Cette méthode permet un plus grand contrôle sur les solutions trouvées. [Saffman 1983] a proposé l'existence d'états tourbillonnaires (« vortical
states ») qui pourraient agir comme des attracteurs d'écoulements turbulents,
de telle sorte que l'existence de la turbulence dépendrait de l'existence de ces
états. Il s'agit de solutions simples, en général instables, de l'équation de
Navier-Stokes qui devraient présenter certaines propriétés des écoulements
turbulents. Les plus simples de ces états tourbillonnaires sont des ondes
progressives d'amplitude finie, telles celles calculées par [Zahn *et al.* 1974],
[Herbert 1976].

Dans ce qui suit nous allons chercher des solutions non linéaires sous
forme d'ondes progressives d'amplitude finie, périodiques dans la direction
de l'écoulement et uniformes dans la direction transversale.

5.1 Formulation et équations de base

Revenons à l'équation de la vorticité écrite en terme de la fonction courant de la perturbation ψ,

$$\frac{\partial}{\partial t}\Delta\psi = \left(D^2 U_b - U_b \Delta\right)\frac{\partial\psi}{\partial x} + J(\psi,\Delta\psi) + \boldsymbol{\nabla}.\left[\boldsymbol{\tau}\left(\Psi_b + \psi\right) - \boldsymbol{\tau}\left(\Psi_b\right)\right] \quad (5.1)$$

où $J(f,g)$ est le Jacobien défini par $(\partial f/\partial x)(\partial g/\partial y) - (\partial f/\partial y)(\partial g/\partial x)$.

Nous allons chercher des solutions de l'équation (5.1) sous forme d'ondes progressives évoluant dans la direction x de l'écoulement avec une vitesse de phase c. Ces solutions seront donc stationnaires dans un repère qui se déplace à cette même vitesse c. Nous effectuons la transformation

$$\Psi(x,y,t) = \Psi(\tilde{x},y) \qquad \text{avec} \qquad \tilde{x} = x - c\,t. \qquad (5.2)$$

Pour des raisons pratiques, par la suite nous écrirons les coordonnées x sans les tildes. L'équation de la perturbation (5.1) devient

$$(U_b - c)\Delta\frac{\partial\psi}{\partial x} - D^2 U_b\frac{\partial\psi}{\partial x} - J(\psi,\Delta\psi) - \boldsymbol{\nabla}.\left[\boldsymbol{\tau}\left(\Psi_b + \psi\right) - \boldsymbol{\tau}\left(\Psi_b\right)\right] = 0. \quad(5.3)$$

Il faut y rajouter les conditions limites

$$\frac{\partial\psi}{\partial y}(y = \pm 1) = 0,$$

$$\frac{\partial\psi}{\partial x}(y = \pm 1) = 0. \qquad (5.4)$$

5.2   Méthode numérique

La solution recherchée est une onde progressive de longueur d'onde $Q = 2\pi/\alpha$, qui se propage dans la direction longitudinale. Il est naturel d'écrire cette solution sous la forme d'une série de Fourier en x :

$$\psi(x, y) = \sum_{m=-M}^{+M} \psi_m(y)\, e^{im\alpha x} \tag{5.5}$$

où les coefficients de Fourier $\psi_m(y)$ ne dépendent que de y. Ils sont développés en série de polynômes de Chebyshev :

$$\psi_m(y) = \sum_{n=0}^{N} a_{mn} T_n(y) \tag{5.6}$$

où $T_n(y)$ est le polynôme de Chebyshev de degré n. Chaque composante de Fourier est évaluée aux points de collocation de Gauss-Lobatto,

$$y_j = \cos(j\frac{\pi}{N}), \qquad j = 0, 1...N \tag{5.7}$$

où N est la troncature du développement de $\psi_m(y)$. Finalement, l'approximation spectrale d'ordre M en x et d'ordre N en y de la solution prend la forme :

$$\psi_s(x, y) = \sum_{m=-M}^{M} \sum_{n=0}^{N} a_{mn}\, T_n(y) e^{im\alpha x}. \tag{5.8}$$

L'indice s signifie une approximation spectrale. Les coefficients spectraux complexes a_{mn} sont les inconnues du problème. Etant donné que ψ_s est réelle, $\psi_s = \psi_s^*$, ($*$ désigne le complexe conjugué), ceci nous impose d'avoir

$$a_{-mn} = a_{mn}^*. \tag{5.9}$$

Par conséquent il suffit de considérer seulement les modes $m \geq 0$.

La substitution de ψ_s par son expression (5.8) dans l'équation (5.3) puis sa projection dans l'espace spectral de Fourier-Chebyshev, que l'on va expliquer par la suite, conduit à un système d'équations algébriques non linéaires

$$L.\underline{X} + N_I(\underline{X}) + \frac{1}{Re}N_V(\underline{X}) = 0 \tag{5.10}$$

où $\underline{X}$ est le vecteur des coefficients spectraux a_{mn},

$$\underline{X} = [a_{00}, a_{01}, ..., a_{0N}; a_{10}, a_{11}, ..., a_{1N}; ...; a_{M0}, a_{M1}, ..., a_{MN}]^T. \tag{5.11}$$

L'opérateur linéaire L est issu de la discrétisation du terme linéaire $(U_b - c)\Delta\frac{\partial\psi}{\partial x} - D^2 U_b\frac{\partial\psi}{\partial x}$. L'opérateur quadratique N_I est issu de la discrétisation du terme convectif $J(\psi, \Delta\psi)$ et l'opérateur non linéaire N_V issu de la discrétisation du terme visqueux, $-\boldsymbol{\nabla}.\left[\boldsymbol{\tau}\left(\Psi_b + \psi\right) - \boldsymbol{\tau}\left(\Psi_b\right)\right]$.

5.2.1   Evaluation des termes linéaires

L'évaluation des termes linéaires est effectuée directement dans l'espace spectral de Fourier-Chebyshev. L'opérateur L peut être considéré comme une matrice diagonale par blocs. Le bloc associé au mode m est donné par

$$L_m = im\alpha(U_b - c)(D2 - m^2\alpha^2 D0) - im\alpha(D^2 U_b)D0 \tag{5.12}$$

où les matrices $D2$ et $D0$ sont des matrices de dérivation données dans [Schmid & Henningson 2001].

5.2.2   Evaluation des termes non linéaires

Contrairement au cas précédent, l'évaluation des termes non linéaires est plus compliquée, en particulier celle des termes non linéaires visqueux : la non-linéarité du modèle de Carreau est plus forte que la non-linéarité quadratique des termes d'inertie. Pour cela, nous avons utilisé une méthode pseudo-spectrale. Globalement les termes non linéaires sont calculés dans l'espace physique, ils sont ensuite projetés dans l'espace spectral. La procédure détaillée est donnée dans les paragraphes suivants.

5.2.2.1 Evaluation de la fonction de courant dans l'espace physique

L'espace physique considéré ici est une grille bidimensionnelle construite sur un domaine de l'écoulement délimité par les deux parois suivant y et une longueur d'onde $Q = \dfrac{2\pi}{\alpha}$ suivant la direction x : $\Omega = \{(x, y) \in [0, Q] \times [-1, +1]\}$. Les valeurs de la fonction de courant dans l'espace physique sont obtenues en évaluant l'expression (5.8) aux points de grille

$$(x_i, y_j) = \left(i\frac{Q}{M_d}, \cos(j\frac{\pi}{N_d - 1}) \right) \tag{5.13}$$

avec $i = 0, ..., M_d - 1$ et $j = 0, ..., N_d - 1$. M_d et N_d sont les nombres de points dans la direction de l'écoulement et la direction normale aux parois respectivement.

Dans la direction de l'écoulement, les points sont uniformément espacés, alors que dans la direction normale aux parois nous avons choisi les points de Gauss-Lobatto. Ce dernier choix permet, d'une part, de minimiser les erreurs d'aliasing en y, et d'autre part, d'avoir une grande résolution dans la partie proche des parois [Orszag & Gottlieb 1977]. On calcule donc

$$\psi_s(x_i, y_j) = \sum_{m=-M}^{M} \sum_{n=0}^{N} a_{mn}\, e^{im\alpha x_i}\, T_n(y_j). \tag{5.14}$$

Pour éviter les erreurs de repliement spectral (erreurs d'aliasing), nous avons choisi des nombres de points N_d et M_d respectant la règle d'Orszag pour le "de-aliasing" [Boyd 1999], [Canuto *et al.* 1988],

$$M_d \geq \frac{3}{2}(2M+1) \qquad \text{et} \qquad N_d \geq 2N. \tag{5.15}$$

Les dérivées de la fonction courant aux points de grille (x_i, y_j) sont évaluées en utilisant les matrices de dérivation. La dérivée de la fonction de courant dans la direction normale aux parois est donnée par

$$[\partial_y \psi]_{ij} = \frac{\partial \psi}{\partial y}(x_i, y_j) = \sum_{m=-M}^{M} e^{im\alpha x_i} \sum_{n=0}^{N} a_{mn} \, [\mathbb{DY}]_{jn} \, T_n(y_j) \tag{5.16}$$

où $\mathbb{DY}$ est la matrice de dérivation de Chebyshev en y (Annexe B). Le calcul de (5.16) est effectué par la méthode des sommations partielles [Boyd 1999] (Annexe B).

La dérivée de la fonction de courant dans la direction axiale est obtenue directement en multipliant par la matrice de dérivation de Fourier $\mathbb{DF}$ (Annexe B) :

$$[\partial_x \psi]_{ij} = \left[\frac{\partial \psi}{\partial x}\right]_{ij} = [\mathbb{DF}]_{il} \, [\psi]_{lj} \tag{5.17}$$

avec $\mathbb{DF}$ la matrice de dérivation de Fourier en x. Pour la dérivation mixte, on donne à titre d'exemple

$$[\partial_{xy} \psi]_{ij} = [\mathbb{DF}]_{il} \, [\partial_y \psi]_{lj} \,. \tag{5.18}$$

5.2.2.2   Calcul des termes non linéaires dans l'espace physique

Une fois la fonction de courant ainsi que toutes ses dérivées calculées aux points de l'espace physique, il ne reste que l'évaluation des différents produits que font intervenir les termes non linéaires. Le terme convectif aux points de grille est donné par

$$[N_I]_{ij} = [\partial_y \psi]_{ij} [\partial_{xxx} \psi + \partial_{xyy} \psi]_{ij} - [\partial_x \psi]_{ij} [\partial_{xxy} \psi + \partial_{yyy} \psi]_{ij} . \qquad (5.19)$$

Pour calculer les termes non linéaires visqueux, il est nécessaire de calculer dans l'espace physique les différentes composantes du tenseur des taux de déformations ainsi que le deuxième invariant associé :

$$[\dot{\gamma}_{xx} (\Psi_b + \psi)]_{ij} = 2 [\partial_{xy} \psi]_{ij} , \qquad (5.20)$$

$$[\dot{\gamma}_{yy} (\Psi_b + \psi)]_{ij} = -2 [\partial_{xy} \psi]_{ij} , \qquad (5.21)$$

$$[\dot{\gamma}_{xy} (\Psi_b + \psi)]_{ij} = [\partial_{yy} \psi - \partial_{xx} \psi + DU_b]_{ij} . \qquad (5.22)$$

Le second invariant au carré du tenseur des déformations est évalué aux points de grille selon l'expression

$$[\Gamma]_{ij} = \frac{1}{2} \sum_{l,m=x,y} ([\dot{\gamma}_{lm}]_{ij} [\dot{\gamma}_{ml}]_{ij}) . \qquad (5.23)$$

La viscosité de l'écoulement perturbé dans l'espace physique est donnée par

$$[\mu]_{ij} = \left(1 + \lambda^2 [\Gamma]_{ij}\right)^{\frac{n_c-1}{2}} , \qquad (5.24)$$

La viscosité de l'écoulement de base μ_b dans l'espace physique est donnée par

$$[\mu_b]_{ij} = \left(1 + \lambda^2 [DU_b]_{ij}^2\right)^{\frac{n_c-1}{2}} . \qquad (5.25)$$

Ces quantités vont servir au calcul des différents termes visqueux.

5.2.2.3 Projection de Fourier-Chebyshev des termes non linéaires

Les coefficients spectraux b_{mn} provenant d'un terme non linéaire N quelconque sont calculés par projection dans l'espace spectral d'après la relation

$$b_{mn} = \frac{\alpha}{2\pi} \cdot \frac{2}{\pi} \int_0^{\frac{2\pi}{\alpha}} \int_{-1}^{+1} e^{-im\alpha x} \, N(x,y) \, T_n(y) \frac{1}{\sqrt{1-y^2}} dx dy \qquad (5.26)$$

ou sous forme discrète

$$b_{mn} = \sum_{i=0}^{M_d-1} \sum_{j=0}^{N_d-1} e^{-im\alpha x_i} [N]_{ij} \, T_n(y_j) W(y_j), \qquad (5.27)$$

avec $W(y_j)$ le coefficient d'intégration de la quadrature de Gauss-Lobatto.

5.2.3 Condition sur la phase

Le système (5.10) comporte $(M+1)(N+1)$ équations, auquel on doit ajouter une équation supplémentaire pour déterminer la phase de la solution onde. En effet, l'invariance par translation dans la direction x pose un problème d'indétermination de la phase des ondes. Pour lever cette indétermination, nous imposons la condition de normalisation [Pugh 1988]

$$\Im \left(\int_{-1}^{+1} \psi_1(y) \, dy \right) = 0 \qquad (5.28)$$

où $\Im$ désigne la partie imaginaire de l'intégrale.

5.3   Procédure de continuation

La méthode de collocation pseudo-spectrale utilisée nous amène donc à résoudre le système d'équations (5.10) munis des conditions limites (5.4), et de la condition sur la phase (5.28). Le système d'équations algébriques non linéaires en question peut être écrit sous la forme

$$G(X, Re) = 0 \qquad \text{avec} \qquad G : \mathbb{R}^{NT} \times \mathbb{R} \longrightarrow \mathbb{R}^{NT} \qquad (5.29)$$

où

$$X = [a_{0n}, \Re(a_{mn}), \Im(a_{mn}); c]^T \quad \text{pour} \quad 1 \leq m \leq M; \quad 0 \leq n \leq N. \quad (5.30)$$

X est le vecteur solution de dimension $NT = (2M + 1)(N + 1) + 1$.

Il existe en général un continuum de solutions $X(Re)$, paramétrisé par Re, appelé « branche de solutions ». Les techniques utilisées pour suivre la solution le long de la branche, au cours de la variation du paramètre Re, sont appelées « techniques de continuation ». Elles permettent aussi d'analyser le comportement des solutions vis-à-vis des changements du paramètre Re, qui est notre paramètre de contrôle.

Supposons que l'on connaisse une solution du système, (X_0, Re_0), calculée pour $Re = Re_0$. L'idée est d'utiliser X_0 comme une estimation initiale pour résoudre $G(X_1, Re_1) = 0$, où $Re_1 = Re_0 + \Delta Re$, à travers des itérations du type Newton. Ce processus, qualifié de continuation simple en Re, est déclenché le long de la branche de solutions, dans l'espace (X, Re), en incrémentant Re après chaque convergence des itérations de Newton, en se servant de la solution X_0 calculée précédemment.

Cette approche de continuation simple peut ainsi se répéter pour obtenir d'autres solutions (X_j, Re_j). Pour que X_j soit une estimation initiale satisfaisante de la solution de $G(X_{j+1}, Re_{j+1}) = 0$, l'incrément ΔRe_j ne doit pas être trop grand ; cependant s'il est choisi très petit le temps de calcul va augmenter de façon ennuyeuse. Une méthode simple pour choisir ΔRe_j, consiste à commencer par une petite valeur de ΔRe_j, puis essayer les itérations non linéaires de Newton. Si ces itérations réussissent, on prendra $\Delta Re_{j+1} = \alpha \Delta Re_j$ avec $\alpha > 1$. Dans le cas contraire, on prendra $\alpha < 1$, puis on répète les itérations non linéaires de Newton.

Ce type de continuation peut rencontrer des difficultés si le point (X_j, Re_j) n'est pas suffisamment proche du point (X_{j+1}, Re_{j+1}). Cela pourrait se produire si on essaye d'utiliser un pas très grand ou lorsque la courbe de solutions présente de grands changements de X pour de faibles variations de Re (une grande pente) ou inversement (petite pente). Ainsi, la formation d'une prédiction basée sur la pente de la courbe de solutions au point (X_j, Re_j) pourrait fournir une meilleure estimation initiale pour les itérations ultérieures de Newton. La pente peut être déterminée en calculant dX/dRe à Re_j. Supposons $G(X, Re)$ différentiable par rapport à X et Re, et X dérivable par rapport à Re. En dérivant la relation $G(X(Re), Re) = 0$ par rapport à Re, nous obtenons

$$\left(G_X \frac{dX}{dRe} + G_{Re} \right) \bigg|_j = 0 \qquad (5.31)$$

où $G_X = [\partial G_i / \partial X_j]$ est la matrice jacobienne du système (5.29).

Une fois la tangente dX/dRe à Re_j calculée, on peut l'utiliser pour obtenir une bonne approximation d'Euler,

$$X_{j+1}^0 = X_j + \Delta Re_j \left. \frac{dX}{dRe} \right|_{Re_j}. \qquad (5.32)$$

Des itérations de Newton peuvent ensuite être utilisées pour l'approximation de (X_{j+1}, Re_{j+1}). Cette méthode de continuation est appelée continuation d'Euler-Newton. Ce deuxième type de continuation fournit une meilleure estimation initiale X_{j+1}^0 pour les itérations de Newton, comparativement à celle donnée par la continuation simple. Par conséquent, on peut s'attendre à pouvoir calculer des solutions pour une gamme de valeurs de Re beaucoup plus large. Cependant, la continuation naturelle peut aussi à son tour trouver des difficultés ou même échouer au niveau des points de la courbe où la pente (dX/dRe) devient infinie, c'est à dire aux points singuliers et aux points de retournement. Dans ce cas la matrice jacobienne G_X devient singulière et le système linéaire (5.31) n'aura plus de solution unique.

Pour remédier à ces difficultés, [Keller 1977] a proposé une autre approche. Dans cette approche, X et Re sont considérés comme des fonctions d'un nouveau paramètre s, où s est une approximation d'une longueur d'arc (abscisse curviligne) sur la courbe de solutions, dans le plan (X, Re). Dans ce cas les dérivées $(dX/ds, dRe/ds)$ seront toujours finies.

Comme dans le cas de la continuation naturelle, on commence par trouver un vecteur tangent à la courbe de solutions, puis on fait une prédiction basée sur le vecteur tangent calculé. Par une procédure itérative on améliore la valeur prédite pour revenir sur la courbe de solutions.

Pour tout paramètre s décrivant une longueur d'arc sur la courbe de solutions, dans l'espace (X, Re), on peut écrire la condition de normalisation du vecteur tangent [Boyd 1999]

$$\|\partial X/\partial s\|^2 + (\partial Re/\partial s)^2 - 1 = 0. \tag{5.33}$$

Cette équation est relativement complexe car elle ne fait pas intervenir X et Re, mais plutôt leurs dérivées par rapport à s. [Keller 1977] a montré qu'il est légitime d'approximer les dérivées par rapport à s dans l'équation (5.33), d'une manière à ce que $X(s)$ et $Re(s)$ deviennent les inconnues. Quand une telle approximation est faite, s n'est plus exactement égale à la longueur d'arc, mais plutôt une approximation de cette dernière. C'est pour cette raison que dans ce cas s est dite « une pseudo-longueur d'arc » et la technique de continuation ainsi construite « continuation par pseudo-longueur d'arc ».

La plus simple des approximations est basée sur une linéarisation des dérivées de (5.33). On écrit ainsi

$$N(X(s), Re(s), s) = (X(s) - X(s_j))^T \left. \frac{\partial X}{\partial s} \right|_{s_j} \tag{5.34}$$

$$+ (Re(s) - Re(s_j)) \left. \frac{\partial Re}{\partial s} \right|_{s_j} - (s - s_j) = 0$$

où s_j est la valeur de la pseudo-longueur d'arc du point calculé précédemment. Cette équation signifie que l'on cherche le nouveau point dans un hyperplan orthogonal au vecteur tangent $[\partial X/\partial s(s_j), \partial Re/\partial s(s_j)]^T$ et situé à une distance $(s - s_j)$ du point $(X(s_j), Re(s_j))$. A cause de la nature de sa signification géométrique la condition (5.34) est dite « contrainte orthogonale ».

Dans la méthode de continuation par pseudo-longueur d'arc, le système non linéaire d'équations (5.29) est complété par l'équation (5.34), ainsi on obtient un système d'équations non linéaires étendu

$$P(X(s), Re(s), s) = \begin{bmatrix} G(X(s), Re(s)) \\ N(X(s), Re(s), s) \end{bmatrix} = 0 \tag{5.35}$$

qu'il faut résoudre.

Le système du jacobien augmenté, correspondant au système étendu (5.35), est ensuite utilisé pour déterminer les incréments $(\Delta X, \Delta Re)$, à chaque pas des itérations de Newton, le long de la longueur d'arc s. Donc on résoudra le système

$$\begin{bmatrix} G_X & G_{Re} \\ N_X{}^T & N_{Re} \end{bmatrix}^k \begin{bmatrix} \Delta X \\ \Delta Re \end{bmatrix}^k = \begin{bmatrix} -G \\ -N \end{bmatrix}^k \tag{5.36}$$

pour des itérations $k = 0, 1, 2, ...$ jusqu'à satisfaction du critère d'arrêt, où ΔX et ΔRe sont les incréments solution correspondant au pas de pseudo-longueur d'arc spécifié. Dans la littérature on trouve plusieurs schémas pour résoudre le système (5.36).

A cause de l'utilisation de l'équation linéarisée (5.34), l'initialisation de l'algorithme de continuation par la méthode de la pseudo-longueur d'arc nécessite de connaître la solution et les dérivées par rapport à s, à partir du pas précédent. Alors on suppose que deux solutions (X_0, Re_0) et (X_1, Re_1) sont déjà calculées, par exemple, par des itérations de Newton avec de petits incréments de Re. Dans notre cas, ces deux solutions sont obtenues par l'approche faiblement non linéaire. Une extension de l'approche Euler-Newton peut encore une fois être utilisée pour obtenir une bonne estimation initiale pour les prochaines itérations de Newton. L'idée consiste à supposer que la dérivée de (5.35) par rapport à s est un vecteur nul. Ceci se traduit par

$$\begin{bmatrix} G_X & G_{Re} \\ N_X{}^T & N_{Re} \end{bmatrix} \begin{bmatrix} \frac{\partial X}{\partial s} \\ \frac{\partial Re}{\partial s} \end{bmatrix} = \begin{bmatrix} 0 \\ -N_s \end{bmatrix}. \tag{5.37}$$

On pourra donc déterminer le vecteur tangent. Ce dernier peut être utilisé pour trouver une estimation initiale pour les itérations de Newton,

$$X_2^{(0)} = X_1 + \frac{\partial X}{\partial s}\Delta s, \tag{5.38}$$

$$Re_2^{(0)} = Re_1 + \frac{\partial Re}{\partial s}\Delta s,$$

où Δs est un pas sur la longueur d'arc. Le système (5.37) est similaire au système (5.36) donc on peut utiliser le même algorithme pour le résoudre.

5.3.1 Calcul du jacobien

Comme on l'a vu dans la section précédente, on a besoin de calculer la matrice jacobienne pour résoudre les équations (5.36) et (5.37). La matrice jacobienne totale est issue des différents opérateurs de l'équation (5.10). Les parties de cette matrice provenant des opérateurs linéaire L et non linéaire d'inertie N_I sont calculées analytiquement dans l'espace spectral. Cependant, la partie de la matrice jacobienne provenant du terme visqueux N_V est approximée, dans l'espace physique (avant sa projection dans l'espace spectral), par un développement de Taylor linéarisant le tenseur des contraintes $\boldsymbol{\tau}(\Psi_b + \psi)$ autour de $(\Psi_b + \psi)$.

En notant $\boldsymbol{\tau_n} = \boldsymbol{\tau}(\Psi_b + \psi_n)$ la valeur du tenseur des contraintes à l'itération n et $\boldsymbol{\tau_{n+1}} = \boldsymbol{\tau}(\Psi_b + \psi_n + \delta\psi_n)$, la valeur du tenseur de contraintes à l'itération $n + 1$, on peut écrire

$$\begin{aligned}
\boldsymbol{\tau_n} &= \mu(\Gamma(\Psi_b + \psi_n))\dot{\boldsymbol{\gamma}}(\Psi_b + \psi_n), \\
\boldsymbol{\tau_{n+1}} &= \mu(\Gamma(\Psi_b + \psi_n + \delta\psi_n))\left[\dot{\boldsymbol{\gamma}}(\Psi_b + \psi_n) + \dot{\boldsymbol{\gamma}}(\delta\psi_n)\right].
\end{aligned} \qquad (5.39)$$

Après un développement de Taylor d'ordre un du tenseur $\boldsymbol{\tau_{n+1}}$, autour de $(\Psi_b + \psi_n)$, on obtient

$$\begin{aligned}
\boldsymbol{\tau_{n+1}} - \boldsymbol{\tau_n} \simeq\ & \mu(\Gamma(\Psi_b + \psi_n))\dot{\boldsymbol{\gamma}}(\delta\psi_n) \\
& + \mu'(\Gamma(\Psi_b + \psi_n))\dot{\gamma}_{ij}(\Psi_b + \psi_n)\dot{\gamma}_{ij}(\delta\psi_n)\dot{\boldsymbol{\gamma}}(\Psi_b + \psi_n)
\end{aligned} \qquad (5.40)$$

où μ' est la dérivée première de μ par rapport à Γ. Cette équation peut être mise sous la forme

$$\boldsymbol{\tau_{n+1}} - \boldsymbol{\tau_n} = \mathcal{J}\delta\psi_n \qquad (5.41)$$

où $\mathcal{J}$ est la matrice jacobienne, il s'agit de la dérivée de Frechet [Boyd 1999].

5.3.2   Critère de convergence

Comme dans [Pugh 1988], nous avons utilisé deux normes pour juger
de la convergence des itérations de Newton. La première norme porte sur
l'erreur d'estimation des équations du système et la deuxième sur l'erreur
sur le vecteur solution. La convergence des itérations est supposée satisfaite
si les deux critères suivants sont vérifiés

$$\|P_i\|_2 \ \leq \ tol \tag{5.42}$$

$$\text{et} \quad \|\frac{\Delta X_i}{tol_{abs} + tol_{rel}|X_i|}\| \ \leq \ 1 \qquad \forall\, i \in \{1, NT\}. \tag{5.43}$$

Si on prend $tol_{abs} = tol_{rel} = tol$, la condition (5.43) garantit que les variations ΔX_i, de chaque composante du vecteur solution, vérifient un critère sur
l'erreur relative $|\frac{\Delta X_i}{X_i}| \leq tol$ si X_i est grand et, vérifient un critère sur l'erreur
absolue $|\Delta X_i| \leq tol$ lorsque X_i est petit. Dans nos calculs nous avons utilisé
$tol = 10^{-6} - 10^{-7}$.

5.3.3   Continuation en amplitude

Il est judicieux que la continuation s'effectue en terme d'une certaine
caractéristique de l'intensité de la perturbation. A cet effet, l'énergie d'une
perturbation est une définition naturelle de cette intensité. Néanmoins, il
n'est pas pratique de calculer cette énergie à chacune des itérations de Newton. Généralement, on effectue une continuation en terme d'une amplitude
caractéristique égale à la norme L_2 des coefficients spectraux :

$$A^2 = \sum_{m=-M}^{M} \sum_{n=0}^{N} |a_{mn}|^2. \tag{5.44}$$

5.4 Résultats et discussion

5.4.1 Convergence des calculs et validation

Afin de pouvoir comparer nos résultats, obtenus pour un fluide rhéofluidifiant, avec le cas de fluide Newtonien d'une part, et pour valider notre code de calcul d'autre part, nous avons commencé par le calcul d'ondes progressives dans un fluide Newtonien. Les courbes obtenues sont représentées sur la figure 5.1. La courbe de la figure 5.1(a) montre la branche de solutions non linéaires d'équilibre d'amplitude finie, obtenue pour un fluide Newtonien en écoulement à gradient de pression imposé. Cette branche est issue d'une bifurcation primaire de Hopf, dont les paramètres critiques sont $(Re_c = 5772.22, \alpha_c = 1.02056, c_c = 0.2640)$ [Orszag 1971]. Chaque point de la courbe représente une onde progressive non linéaire solution du système (5.29). Aux erreurs de lecture près, nos résultats sont en bon accord avec ceux calculés précédemment [Cherhabili 1996].

On rappelle qu'au point critique la norme L_2 des coefficients spectraux a_{mn}, adoptée dans nos calculs comme une mesure de l'amplitude de la perturbation, est nulle. On doit noter que tous les résultats présentés sont obtenus pour des nombres d'onde critique, $\alpha = \alpha_c$ et, qu'à l'exception de la figure 5.1, tous les calculs sont effectués pour des écoulements à débit constant.

Pour examiner la convergence des calculs, nous avons procédé à plusieurs essais, en variant le nombre de modes de Fourier pris dans la direction de l'écoulement et le nombre de polynômes de Chebyshev pris dans la direction normale aux parois. Nous considérons que les calculs ont convergé lorsque la vitesse de phase au point de retournement ne varie pas plus de 1%. Concernant le nombre de polynômes de Chebyshev, les calculs montrent que 50 polynômes suffisent pour la convergence. Pour ce qui est du nombre de modes de Fourier nécessaires à la convergence, les résultats obtenus montrent que ce nombre croit avec l'augmentation du caractère rhéofluidifiant.

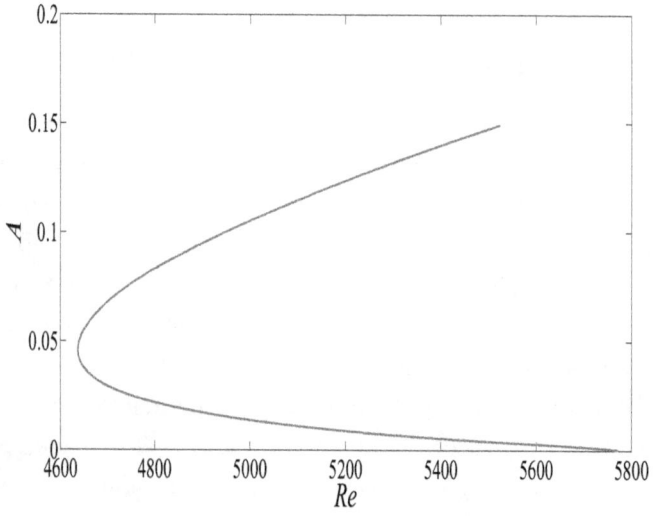

(a)

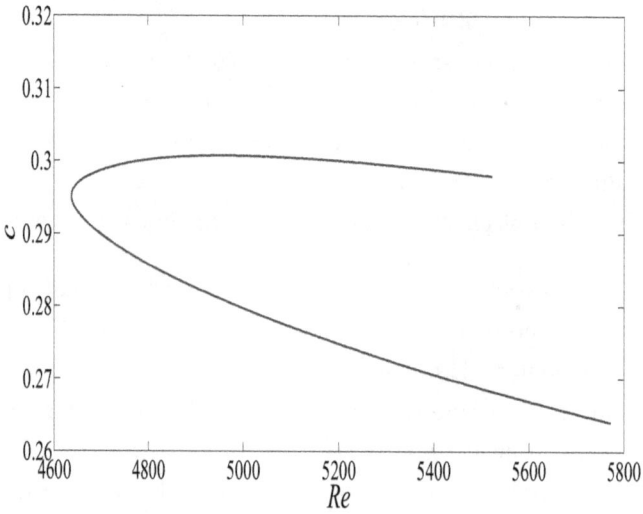

(b)

FIGURE 5.1: Courbe de bifurcation primaire d'un fluide Newtonien :
(a) Amplitude en fonction du nombre de Reynolds.
(b) Vitesse de phase en fonction du nombre de Reynolds.

On doit noter que tous les résultats représentés ici sont obtenus pour cinq modes de Fourier, à l'exception des résultats représentés sur les figures 5.4 qui sont obtenus avec sept modes de Fourier. La figure 5.2 montre l'évolution de la convergence des calculs, pour un fluide de Carreau avec $n_c = 0.6$ et $\lambda = 0.5$. On constate que trois modes de Fourier suffisent pour capturer la branche de solutions jusqu'au point de retournement. Par contre, pour capturer les solutions non linéaires d'amplitude supérieure de façon précise, il faut augmenter le nombre de modes de Fourier.

Afin d'analyser les propriétés des solutions non linéaires d'équilibre d'amplitude finie pour des fluides de Carreau, nous avons effectué plusieurs essais en changeant les paramètres rhéologiques n_c et λ. Pour examiner l'influence de n_c sur la forme des solutions d'équilibre, nous avons fait des calculs en fixant λ et faisant varier n_c. Sur les figures 5.3 on montre les courbes de l'amplitude et de la vitesse de phase des ondes non linéaires calculées pour une constante de temps $\lambda = 0.5$ et différentes valeurs de l'indice de rhéofluidification, $n_c = 0.5 - 0.7 - 0.9 - 1$.

Les figures 5.4 montrent les courbes de l'amplitude et de la vitesse de phase des ondes non linéaires calculées pour un indice de rhéofluidification $n_c = 0.7$ et différentes valeurs de la constante de temps, $\lambda = 0 - 0.2 - 0.5 - 1$. Toutes les courbes représentent des bifurcations sous-critiques. Dans chaque cas, plus on s'éloigne du point de bifurcation primaire, la valeur de Re décroit avec une augmentation de l'amplitude et de la vitesse de phase des solutions non linéaires obtenues, jusqu'à ce qu'on atteigne un point de retournement. A partir de ce point de retournement, Re commence à croître avec l'accroissement de l'amplitude et de la vitesse de phase.

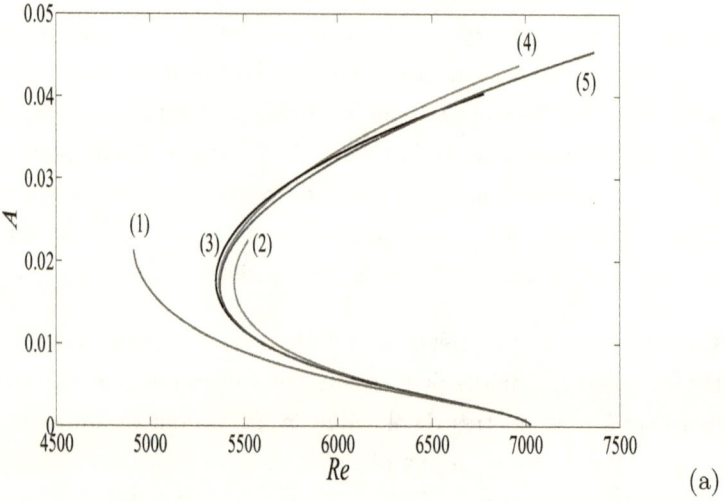

(a)

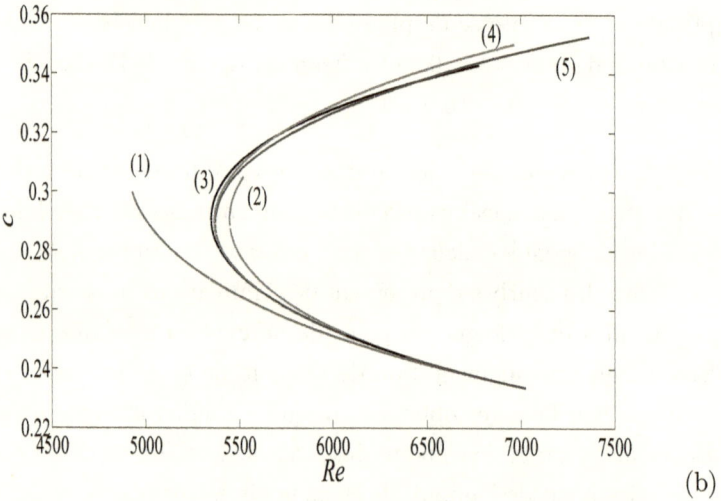

(b)

FIGURE 5.2: Etude de convergence en fonction du nombre de modes de Fourier M, **(a)** dans le plan (Re, A) et **(b)** dans le plan (Re, c), pour un fluide de Carreau avec $n_c = 0.6$, et $\lambda = 0.5$: (1) $M = 3$; (2) $M = 4$; (3) $M = 5$; (4) $M = 7$; (5) $M = 8$.

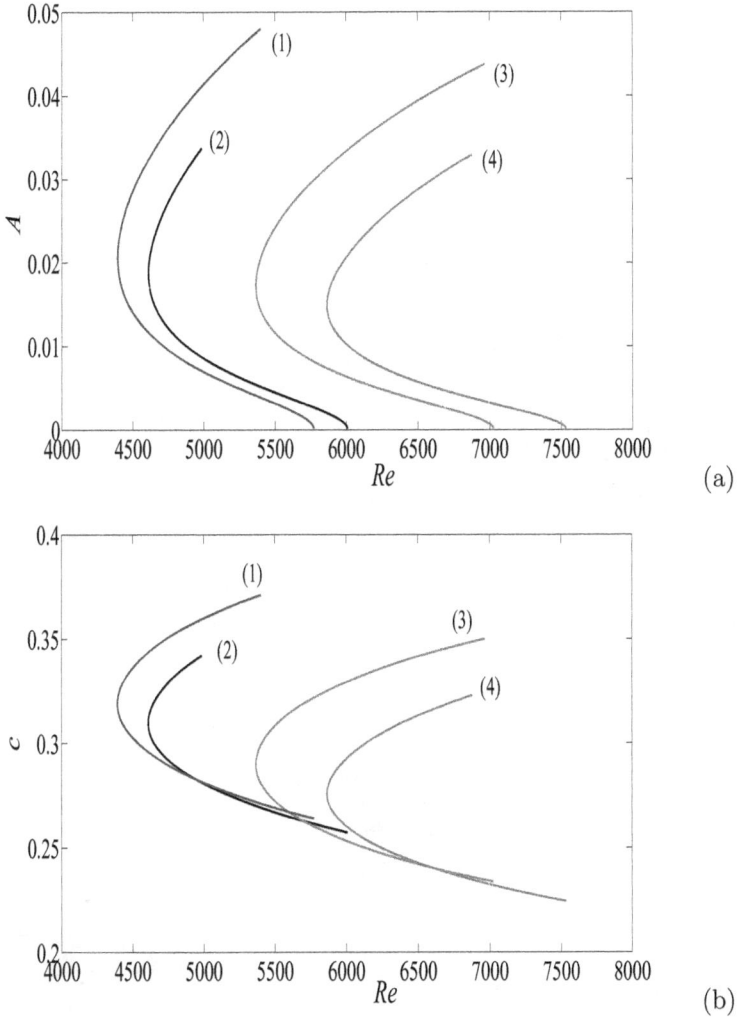

FIGURE 5.3: Courbes de bifurcation, **(a)** dans le plan (Re, A) et **(b)** dans le plan (Re, c), pour un fluide avec $\lambda = 0.5$ et différentes valeurs de n_c : (1) $n_c = 1$, cas Newtonien ; (2) $n_c = 0.9$; (3) $n_c = 0.7$; (4) $n_c = 0.5$.

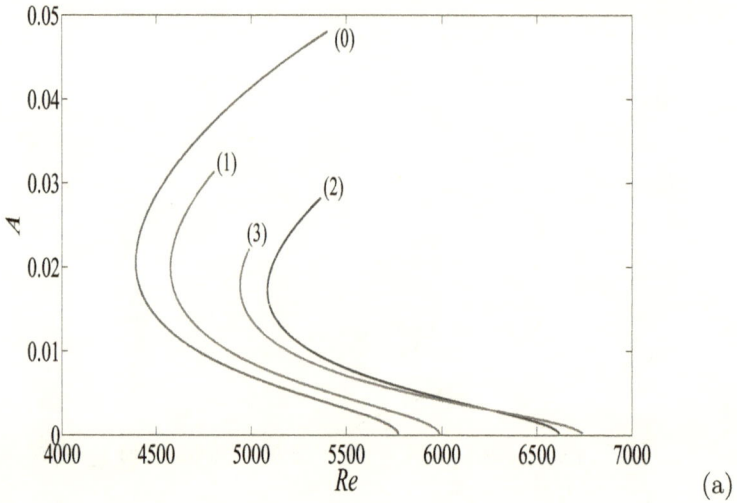

(a)

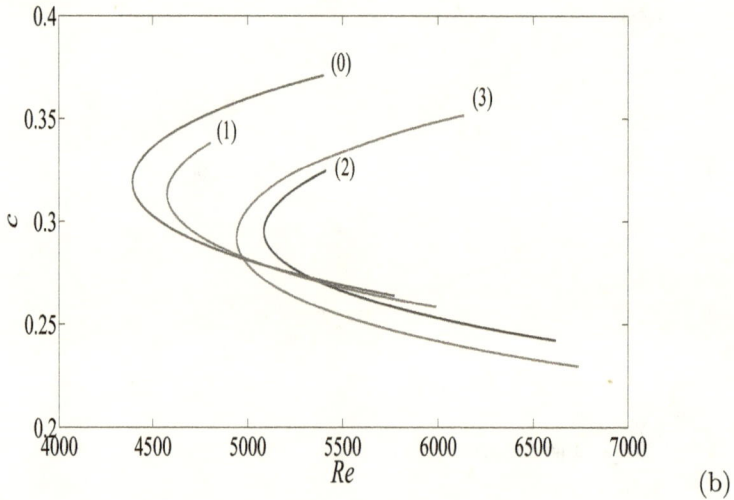

(b)

FIGURE 5.4: Courbes de bifurcation, **(a)** dans le plan (Re, A) et **(b)** dans le plan (Re, c), pour un fluide avec $n_c = 0.7$ et différentes valeurs de λ : (0) $\lambda = 0$, cas Newtonien ; (1)$\lambda = 0.2$; (2) $\lambda = 0.5$; (3) $\lambda = 1$.

La partie de la branche de solutions non linéaires comprise entre le point de bifurcation et le point de retournement est désignée comme la branche inférieure et, le reste de la courbe comme la branche supérieure. Le point de retournement peut être considéré comme un point critique non linéaire, puisqu'il représente la plus petite valeur de Re, pour $\alpha = \alpha_c$, à partir de laquelle on peut voir des écoulements secondaires bidimensionnels sous forme d'ondes progressives.

Pour examiner les effets de la perturbation non linéaire de la viscosité, sur les solutions non linéaires obtenues, comparativement aux effets de la stratification pure de la viscosité, nous avons effectué plusieurs calculs avec ou sans perturbation de viscosité, pour différentes valeurs des paramètres rhéologiques. Les figures 5.5-5.6 montrent les résultats obtenus pour $\lambda = 0.5$ et deux valeurs de n_c : $n_c = 0.5$ et $n_c = 0.9$. Les effets de la stratification apparaissent clairement sur ces figures. Lorsqu'on néglige la perturbation de la viscosité (on ne tient compte que des effets de la stratification pure), le point de bifurcation primaire ainsi que le point de retournement se produisent à des nombres de Reynolds plus élevés. En outre, la vitesse de phase associée augmente. L'effet stabilisant de la stratification de la viscosité devient plus marqué avec l'augmentation du degré de rhéofluidification.

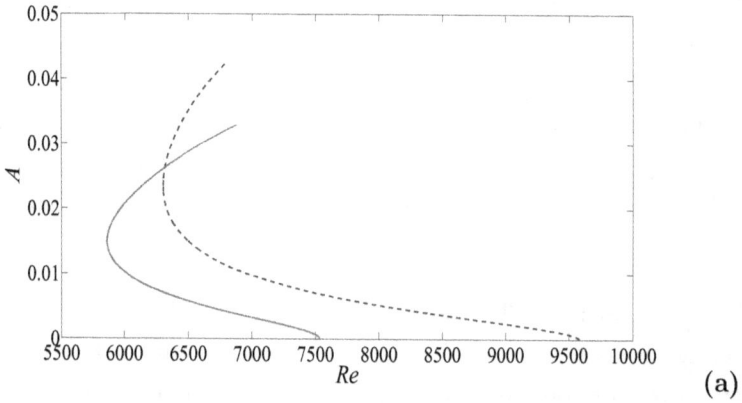

(a)

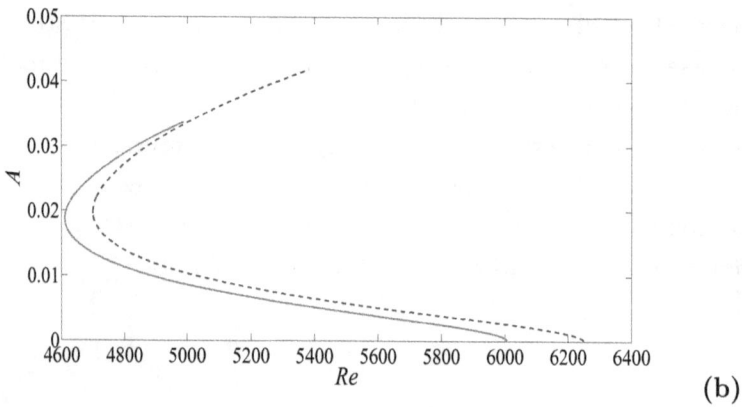

(b)

FIGURE 5.5: Amplitude en fonction du nombre de Reynolds pour $\lambda = 0.5$ et (a) $n_c = 0.5$, (b) $n_c = 0.9$. **Trait continu** : cas où on tient compte de la stratification et de la perturbation de la viscosité ; **trait pointillé** : stratification pure (cas où on ne tient pas compte de la perturbation de la viscosité).

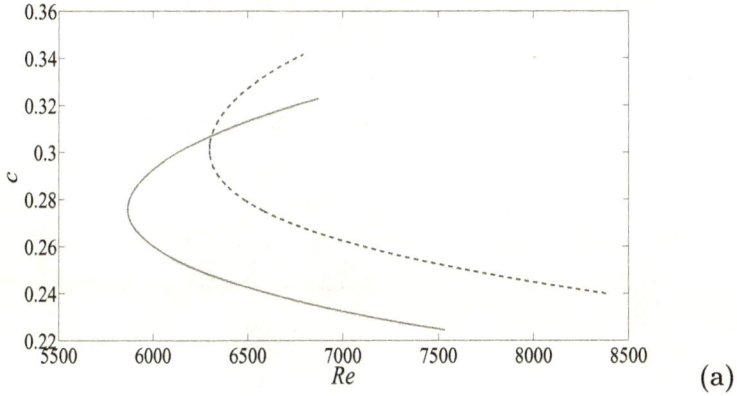

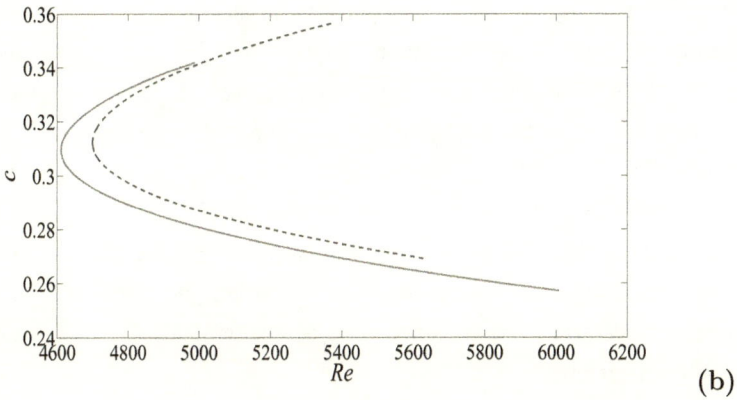

FIGURE 5.6: Vitesse de phase en fonction du nombre de Reynolds pour $\lambda = 0.5$ et **(a)** $n_c = 0.5$, **(b)** $n_c = 0.9$. **Trait continu** : cas où on tient compte de la stratification et de la perturbation de la viscosité; **trait pointillé** : stratification pure (cas où on ne tient pas compte de la perturbation de la viscosité).

Une visualisation de l'écoulement secondaire non linéaire est donnée par
la figure 5.7, où nous avons représenté les fonctions courants correspondant
à la perturbation ψ et à l'écoulement de base perturbé ($\Psi_b + \psi$). La figure
montre que la perturbation est sous forme d'une séquence de vortex transver-
saux dont les centres se trouvent sur l'axe du canal plan. Les figures 5.7(b) -
5.7(b_1) montre que les lignes de courant, rectilignes dans l'écoulement de base,
se trouvent modifiées par la perturbation et deviennent ondulées. Cette on-
dulation est plus accentuée sur la branche supérieure de solutions, du fait de
l'accroissement des amplitudes des solutions non linéaires sur cette branche.

Afin d'analyser la forme des solutions non linéaires, au points de retour-
nements, et déterminer leurs caractéristiques en fonction de n_c, nous avons
représenté sur la figure 5.8 les iso-contours de la fonction courant de la perturbation, au point de retournement, pour $\lambda = 0.5$ et différentes valeurs de
n_c. On observe un fort gradient de la vitesse dans la zone pariétale et, par
conséquent une importante perturbation de l'écoulement au niveau de cette
zone. Les effets de cette perturbation sont plus remarquables sur le champ de
viscosité, représenté sur la figure 5.9. Cette figure montre clairement l'évolution de la perturbation du champ de viscosité en fonction de n_c. On observe
la formation d'une zone pariétale de fort gradient de viscosité. Cette zone
commence à s'élargir vers le centre de l'écoulement avec l'augmentation de
la rhéofluidification.

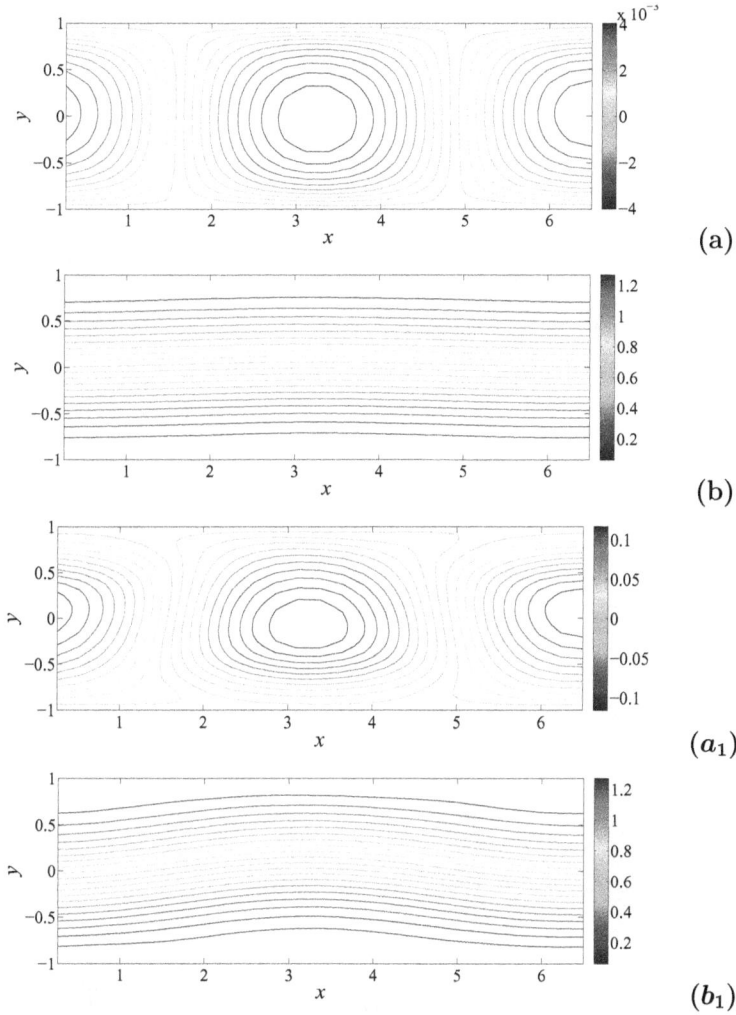

FIGURE 5.7: Iso-contours de la fonction courant **(a)** de la perturbation ψ, **(b)** de l'écoulement perturbé $(\Psi_b + \psi)$, en un point sur la branche inférieure $(n_c = 0.6; \lambda = 0.5; Re = 6965)$.
Iso-contours de la fonction courant (a_1) de la perturbation ψ, (b_1) de l'écoulement pertubé $(\Psi_b + \psi)$, en un point sur la branche supérieure $(n_c = 0.6; \lambda = 0.5; Re = 6965)$.

(a)

(b)

(c)

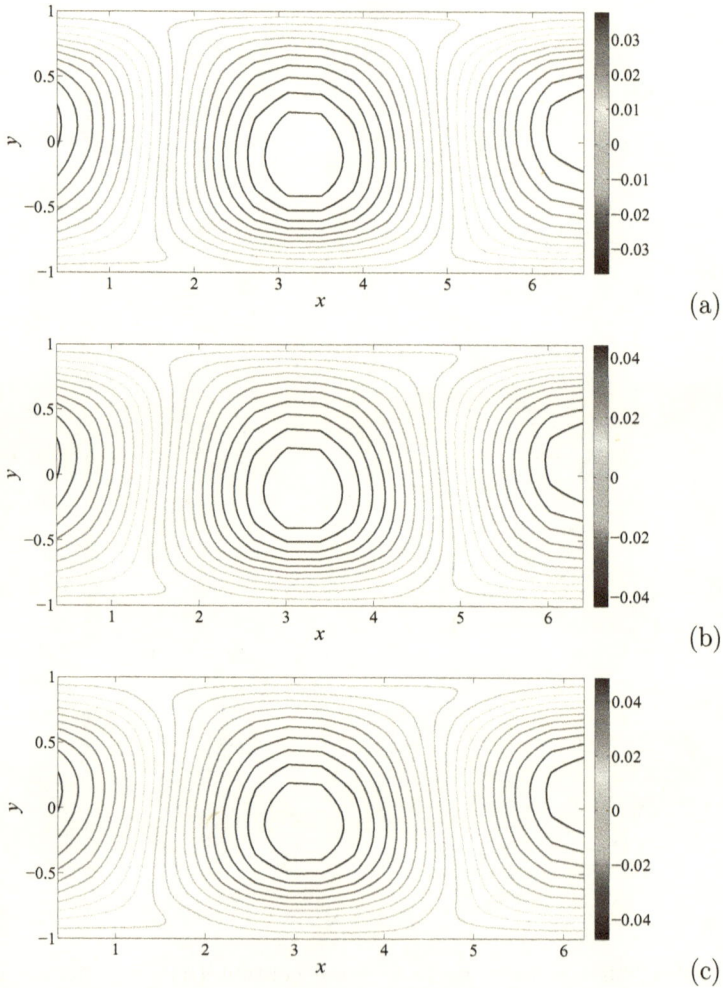

FIGURE 5.8: Iso-contours de la fonction courant de la perturbation ψ, au point de retournement, pour $\lambda = 0.5$ et différentes valeurs de n_c : (a) $n_c = 0.5$; (b) $n_c = 0.7$; (c) $n_c = 0.9$.

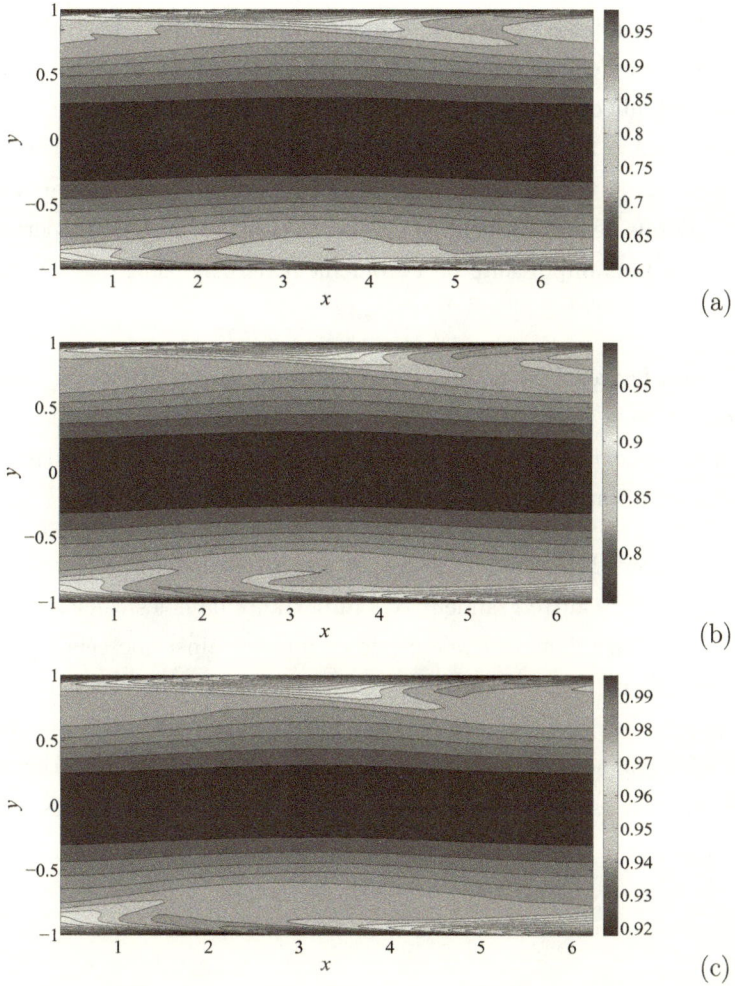

FIGURE 5.9: Evolution du champ de viscosité de l'écoulement perturbé $\mu(\Psi_b + \psi)$, au point de retournement, pour $\lambda = 0.5$ et différentes valeurs de n_c : (a) $n_c = 0.5$; (b) $n_c = 0.7$; (c) $n_c = 0.9$.

Pour visualiser l'évolution des solutions non linéaires d'équilibre obtenues le long d'une courbe de bifurcation, nous avons représenté, sur les figures 5.10 - 5.12, les iso-contours de la fonction courant de la perturbation ψ et celles de l'écoulement perturbé $(\Psi_b + \psi)$ ainsi que les champs de viscosité correspondants obtenus, en quelques points de la courbe solution, dans le cas $n_c = 0.6$ et $\lambda = 0.5$. Plus on s'éloigne du point de bifurcation primaire, plus la perturbation ψ commence à prendre de l'ampleur avec l'apparition d'une zone pariétale de fort gradient de vitesse. Ceci se traduit par une perturbation de plus en plus importante de l'écoulement de base ainsi que du champ de viscosité.

Sur les figures 5.13 nous avons représenté les variations de l'amplitude critique et de la vitesse de phase des ondes non linéaires, calculées aux points de retournement, en fonction de n_c. Les résultats obtenus montrent que la rhéofluidification induit une diminution de ces deux grandeurs.

Le nombre de Reynolds défini par rapport à la viscosité moyenne à la paroi μ_p est une autre grandeur très importante dans les calculs de perte de charge. Les variations des valeurs de ce nombre ainsi que celles du nombre de Reynolds défini par rapport à la viscosité à taux de cisaillement nul μ_0 , en fonction de n_c, sont représentées sur la figure 5.14. Les valeurs de ces grandeurs augmentent avec l'accroissement de la rhéofluidification et cette augmentation est plus importante pour le nombre de Reynolds défini par rapport à μ_p.

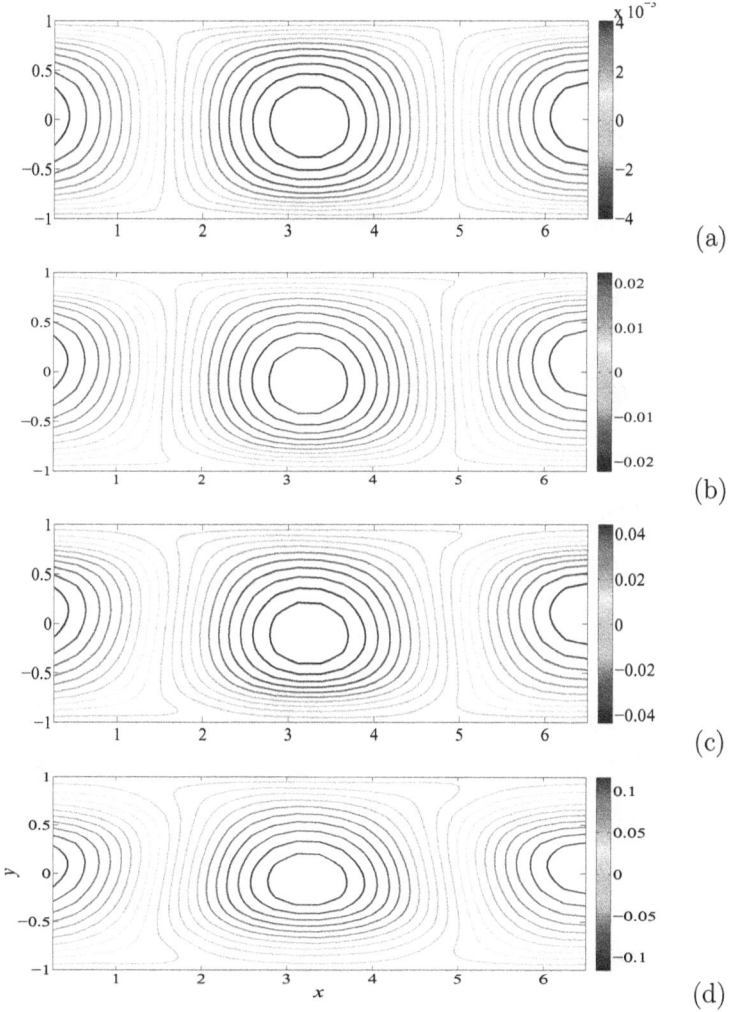

FIGURE 5.10: Iso-contours de la fonction courant de la perturbation ψ, le long de la courbe de bifurcation, pour $\lambda = 0.5$ et $n_c = 0.6$: (a) $Re = 6869$; (b) $Re = 5700$; (c) $Re = 5366$; (d) $Re = 6964$ (branche supérieure).

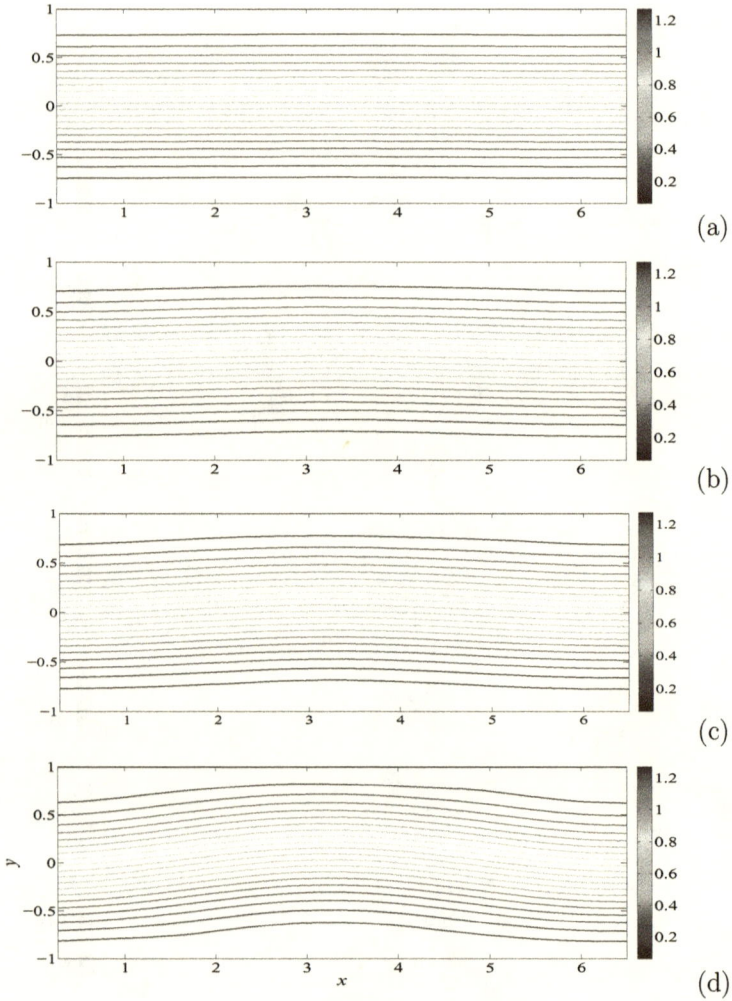

FIGURE 5.11: Iso-contours de la fonction courant de l'écoulement perturbé $(\Psi_b + \psi)$, le long de la courbe de bifurcation, pour $\lambda = 0.5$ et $n_c = 0.6$: (a) $Re = 6869$; (b) $Re = 5700$; (c) $Re = 5366$; (d) $Re = 6964$ (branche supérieure).

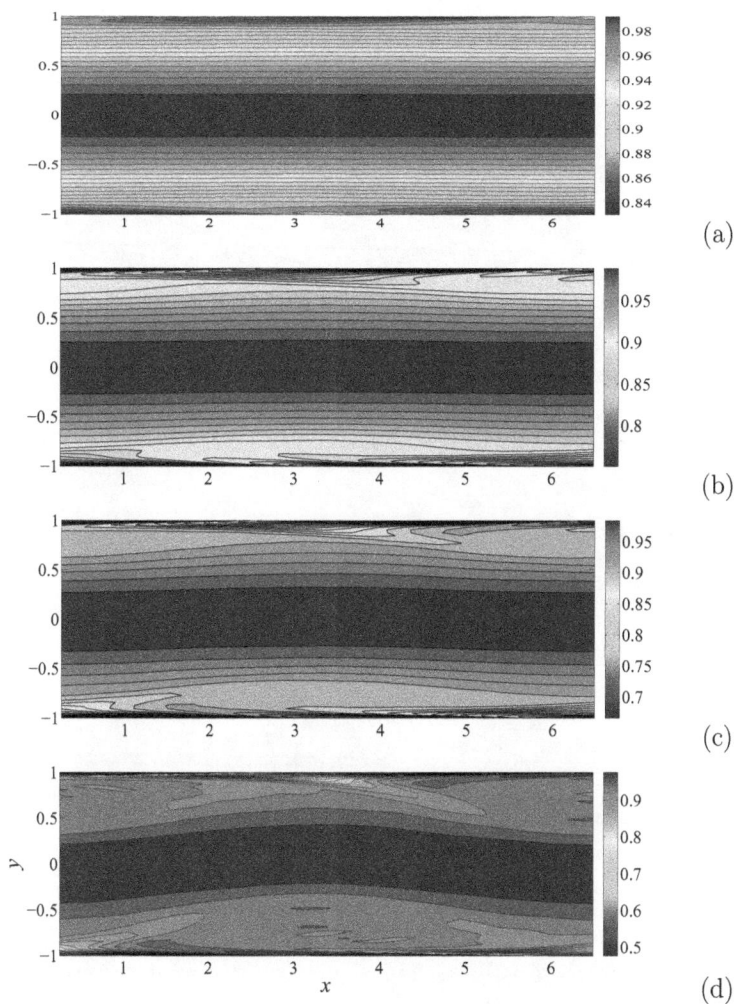

FIGURE 5.12: Evolution du champ de viscosité de l'écoulement perturbé $\mu(\Psi_b + \psi)$, le long de la courbe de bifurcation, pour $\lambda = 0.5$ et $n_c = 0.6$: (a) $Re = 6869$; (b) $Re = 5700$; (c) $Re = 5366$;(d) $Re = 6964$ (branche supérieure).

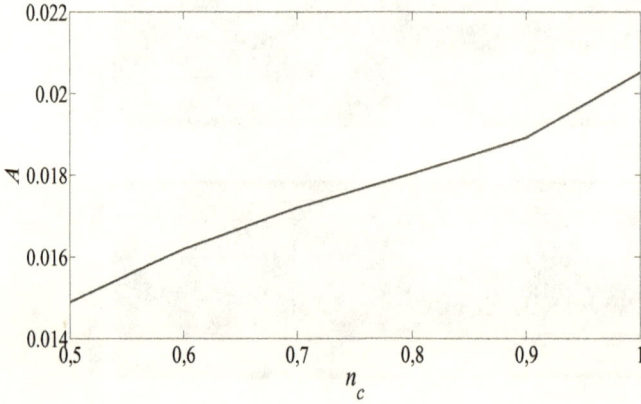

(a)

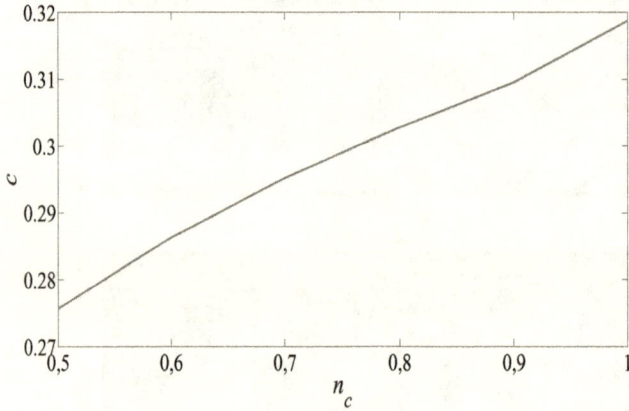

(b)

FIGURE 5.13: Caractéristiques de l'écoulement au point de retournement en fonction de n_c pour $\lambda = 0.5$:
(a) Variation de l'amplitude au point de retournement.
(b) Variation de la vitesse de phase au point de retournement.

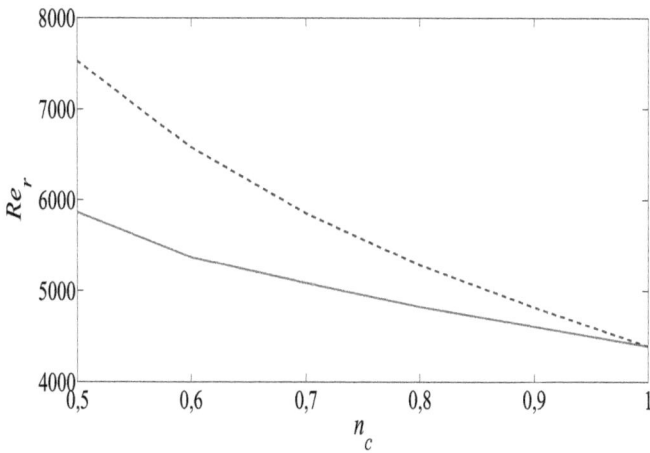

FIGURE 5.14: Nombre de Reynolds au point de retournement en fonction de n_c pour $\lambda = 0.5$.
Trait continu : Reynolds défini par rapport à la viscosité μ_0.
Trait en pointillé : Reynolds défini par rapport à la viscosité moyenne à la paroi μ_p.

CHAPITRE 6

Conclusion générale

Afin d'examiner l'influence des non-linéarités du comportement rhéologique des fluides rhéofluidifiants sur les mécanismes d'instabilité et de transition vers la turbulence, nous avons choisi l'écoulement de Poiseuille plan d'un fluide de Carreau. Cet écoulement présente l'avantage d'être linéairement instable à partir d'un nombre de Reynolds fini, permettant ainsi d'effectuer une analyse faiblement non linéaire et fortement non linéaire de stabilité avec suivi des branches de bifurcation.

Après la mise en équations du problème, nous avons commencé par caractériser les écoulements de base. Nos calculs effectués pour une large gamme de paramètres rhéologiques, ont mis en évidence la possibilité de contrôler le gradient de la viscosité dans tout l'espace entre les parois. Ceci permet d'analyser l'influence des paramètres rhéologiques sur les profils de vitesse et de viscosité.

Une étude de stabilité de l'écoulement vis-à-vis d'une perturbation infinitésimale a été menée en recherchant des solutions en modes normaux. Cette étude nous a permis de déterminer les conditions critiques pour une large gamme de paramètres rhéologiques, et d'analyser l'influence du caractère rhéofluidifiant sur la stabilité de l'écoulement dans le cadre de la théorie linéaire. Les résultats obtenus montrent que le nombre de Reynolds critique augmente avec l'augmentation du caractère rhéofluidifiant, ce qui renforce la stabilité de l'écoulement. L'augmentation de la stabilité est due à une réduction de l'échange d'énergie entre l'écoulement de base et la perturbation dans la couche critique.

Pour mettre en évidence les premiers principes qui permettent de comprendre l'influence de la rhéofluidification sur la stabilité de l'écoulement vis-à-vis d'une perturbation d'amplitude finie, nous avons effectué une analyse faiblement non linéaire de stabilité. Comparativement au cas Newtonien, des non-linéarités supplémentaires apparaissent dans les équations de mouvement, à travers le comportement rhéologique du fluide. Ces non-linéarités supplémentaires ne sont pas analytiques et par conséquent sont plus fortement compliquées que les non-linéarités quadratiques d'inertie. L'analyse faiblement non linéaire, de la bifurcation vers des ondes de Tollmien-Schlichting bidimensionnelles, développée dans ce manuscrit, est basée sur un développement asymptotique en amplitude proposé par Landau et Stuart. Le but est de faire ressortir les effets non linéaires de la loi de comportement rhéologique au voisinage des conditions critiques sur : (i) la nature de la bifurcation, (ii) la modification de l'écoulement moyen, (iii) la génération des harmoniques et (iv) l'amplitude critique de la perturbation qui délimite le bassin d'attraction de l'écoulement laminaire. Nous avons analysé la contribution des termes non linéaires d'inertie et des termes non linéaires visqueux, sur la nature de la bifurcation, à travers le premier coefficient de Landau, et sur la réorganisation de l'écoulement au voisinage des conditions critiques.

Les principales conclusions de cette analyse sont : (i) les effets rhéofluidifiants tendent à réduire la dissipation visqueuse et à accélérer l'écoulement alors que les termes non linéaires d'inertie décélèrent l'écoulement. (ii) Le premier harmonique généré par la non-linéarité de la viscosité est plus faible en amplitude, et de phase opposée par rapport à celui généré par les termes non linéaires quadratiques d'inertie. Néanmoins, pour un fluide de Carreau, l'amplitude du premier harmonique augmente avec l'augmentation des effets rhéofluidifiants. (iii) Le premier coefficient de Landau est positif et augmente avec l'augmentation du caractère rhéofluidifiant. Ainsi, l'augmentation des effets rhéofluidifiants se traduit par un renforcement de la nature sous-critique de la bifurcation, alors que dans la théorie linéaire, elle se traduit par un renforcement de la stabilité de l'écoulement. (iv) Si les termes non linéaires visqueux sont annulés artificiellement, des valeurs de la première constante de Landau encore plus élevées sont obtenues. Par contre, si les termes non linéaires d'inertie sont annulés, le premier coefficient de Landau devient négatif et la bifurcation est sur-critique. En plus du coefficient de Landau, l'amplitude critique qui délimite le bassin d'attraction laminaire a été déterminée. Du fait de l'augmentation du premier coefficient de Landau, avec l'accroissement des effets rhéofluidifiants, l'amplitude critique décroit lorsqu'on augmente la rhéofluidification. Ce résultat a été confirmé en calculant des coefficients de Landau à des ordres plus élevés.

La méthode développée, en analyse faiblement non linéaire, pour le calcul d'ondes d'amplitude finie, devient rapidement prohibitive et lourde lorsqu'on s'éloigne des conditions critiques. Une analyse fortement non linéaire, basée sur le suivi des branches de bifurcation par continuation, a été effectuée. Les termes non linéaires introduits par le modèle rhéologique ne sont pas analytiques. Ils ne peuvent pas être traités dans l'espace spectral, ce qui nous a amené à développer notre propre code de continuation pseudo-spectral. Des solutions non linéaires d'équilibre ont été déterminées pour différents jeux de paramètres rhéologiques. Les branches de bifurcation sous-critique obtenues pour des fluides rhéofluidifiants présentent qualitativement les mêmes propriétés que celles d'un fluide Newtonien. Les nombres de Reynolds critiques de retournement sont beaucoup plus petits, que ceux obtenus au niveau des points de la bifurcation primaire, ce qui explique en partie, comme dans le cas des fluides Newtoniens, la différence entre les valeurs de Reynolds de transition observées expérimentalement et les valeurs calculées. Le nombre de Reynolds au point de retournement augmente avec l'augmentation du caractère rhéofluidifiant, mettant ainsi en évidence un effet stabilisant. Cet effet est encore plus marqué si la perturbation de la viscosité n'est pas prise en compte.

Ce travail se poursuit en considérant les trois points suivants : (1) calcul d'ondes non linéaires pour des fluides ayant un caractère rhéofluidifiant plus marqué ; (2) calcul d'ondes non linéaires en démarrant à partir d'un point de la courbe de stabilité marginale autre que le point critique et (3) étude de la stabilité des solutions d'équilibre trouvées.

Développement asymptotique : expression des opérateurs

A.1 Les opérateurs linéaire (L_n), bilinéaires $(N_I$ et $N_{vquad})$ et trilinéaire (N_{vcub}) qui interviennent dans les équations différentielles pour le calcul de $f_{n,2m+n}$

Les équations différentielles relatives à $f_{n,2m+n}$, font intervenir les opérateurs linéaire (L_n), bilinéaires $(N_I$ et $N_{vquad})$ et trilinéaire (N_{vcub}) suivants :

$$
\begin{aligned}
L_n\, f_{n,2m+n} \;=\; & -i\,k\,\alpha\,c_c\, S_k\, f_{k,\ell} - i\,k\,\alpha\,\left(D^2 U_b - U_b\, S_k\right)\, f_{k,\ell} \\
& - \frac{1}{Re}\,\mu_b\, S_k^2\, f_{k,\ell} - \frac{1}{Re}\,\left[D^2\mu_b\,\mathcal{G}_k + 2\,(D\mu_b)\, S_k\, D\right] f_{k,\ell} \\
& - \frac{1}{Re}\mathcal{G}_k\,\left[(\mu_t - \mu_b)\,\mathcal{G}_k\, f_{k,\ell}\right].
\end{aligned}
\tag{A.1}
$$

On rappelle que le problème $L_1 f_{1,1} = 0$ est l'équation d'Orr-Sommerfeld.

$$
N_I\left(f_{n,p}, f_{m,q}\right) \;=\; i\,n\,\alpha\, f_{n,p}\, S_m\, D f_{m,q} - i\,\alpha\,m\, D f_{n,p}\, S_m\, f_{m,q}.
\tag{A.2}
$$

$$
N_I\left(f_{n,p}|f_{m,q}\right) \;=\; N_I\left(f_{n,p}, f_{m,q}\right) + N_I\left(f_{m,q}, f_{n,p}\right)
\tag{A.3}
$$

$$
\begin{aligned}
Re\, N_{Vquad}\,(f_{n,p}, f_{m,q}) \; &= \; -8\alpha^2\, m\,(n+m)\, D\left[\dot{\gamma}_{xy}^{b}\,\left.\frac{\partial \mu}{\partial \Gamma}\right|_{b}\,(\mathcal{G}_n\, f_{n,p})\,(Df_{m,q})\right] \\
&+ \; \mathcal{G}_{(n+m)}\,\left[3\,\dot{\gamma}_{xy}^{b}\,\left.\frac{\partial \mu}{\partial \Gamma}\right|_{b}\,(\mathcal{G}_n\, f_{n,p})\,(\mathcal{G}_m\, f_{m,q})\right] \\
&+ \; \mathcal{G}_{(n+m)}\,\left[2\left(\Gamma\,\frac{\partial^2 \mu}{\partial \Gamma^2}\right)_{b}\,\dot{\gamma}_{xy}^{b}\,(\mathcal{G}_n f_{n,p})\,(\mathcal{G}_m f_{m,q})\right] \\
&+ \; \mathcal{G}_{(n+m)}\,\left[-4\alpha^2 n\, m\,\dot{\gamma}_{xy}^{b}\,\left.\frac{\partial \mu}{\partial \Gamma}\right|_{b}\,(Df_{n,p})\,(Df_{m,q})\right] \quad \text{(A.4)}
\end{aligned}
$$

$$
N_{Vquad}\,(f_{n,p}|f_{m,q}) \; = \; N_{Vquad}\,(f_{n,p}, f_{m,q}) + N_{Vquad}\,(f_{m,q}, f_{n,p}). \quad \text{(A.5)}
$$

$$
\begin{aligned}
Re N_{Vcub} = (n+m+k)\,\alpha D\left[16nmk\alpha^3\,\left.\frac{\partial \mu}{\partial \Gamma}\right|_{b}\,(Df_{n,p})\,(Df_{m,q})\,(Df_{k,\ell})\right] \\
+ (n+m+k)\,\alpha D\left[-4\alpha k\left(\frac{\partial \mu}{\partial \Gamma}+2\Gamma\frac{\partial^2 \mu}{\partial \Gamma^2}\right)_{b}\,(\mathcal{G}_n f_{n,p})\,(\mathcal{G}_m f_{m,q})\,(Df_{k,\ell})\right] \\
+ \mathcal{G}_{(n+m+k)}\left[-4\,n\,m\,\alpha^2\,\left.\frac{\partial \mu}{\partial \Gamma}\right|_{b}\,(Df_{n,p})\,(Df_{m,q})\,(\mathcal{G}_k f_{k,\ell})\right] \\
+ \mathcal{G}_{(n+m+k)}\left[\left(\frac{\partial \mu}{\partial \Gamma}+2\,\Gamma\frac{\partial^2 \mu}{\partial \Gamma^2}\right)_{b}\,(\mathcal{G}_n f_{n,p})\,(\mathcal{G}_m f_{m,q})\,(\mathcal{G}_k f_{k,\ell})\right] \\
+ \mathcal{G}_{(n+m+k)}\left[-8\alpha^2\,n\,m\,\Gamma_b\,\left.\frac{\partial^2 \mu}{\partial \Gamma^2}\right|_{b}\,(Df_{n,p})\,(Df_{m,q})\,(\mathcal{G}_k f_{k,\ell})\right] \\
+ \mathcal{G}_{(n+m+k)}\left[2\,\Gamma_b\left(\frac{\partial^2 \mu}{\partial \Gamma^2}+\frac{2}{3}\Gamma\frac{\partial^3 \mu}{\partial \Gamma^3}\right)_{b}\,(\mathcal{G}_n f_{n,p})\,(\mathcal{G}_m f_{m,q})\,(\mathcal{G}_k f_{k,\ell})\right] \text{(A.6)}
\end{aligned}
$$

$$
\begin{aligned}
N_{Vcub}\,(f_{n,p}, f_{m,q}|f_{k,\ell}) \; &= \; N_{Vcub}\,(f_{n,p}, f_{m,q}, f_{k,\ell}) + N_{Vcub}\,(f_{k,\ell}, f_{n,p}, f_{m,q}) \\
&+ \; N_{Vcub}\,(f_{m,q}, f_{k,\ell}, f_{n,p}) \quad\quad\quad\quad\quad \text{(A.7)}
\end{aligned}
$$

A.2   Développement au septième ordre

Pour évaluer les constantes de Landau jusqu'au septième ordre en amplitude, la perturbation de la viscosité autour de l'écoulement de base doit être bien sûr calculée jusqu'au septième ordre en amplitude. :

$$\mu(\Psi_b + \psi) = \mu_b + \mu_1 + \mu_2 + ... + \mu_7 + ... \tag{A.8}$$

avec

$$\mu_4 = \frac{2}{3} \left.\frac{\partial^4 \mu}{\partial \Gamma^4}\right|_b \left(\dot{\gamma}_{xy}^b\right)^4 \left(\dot{\gamma}_{xy}\right)^4 (\psi) + 2\frac{\partial^3 \mu}{\partial \Gamma^3} \Gamma_b \dot{\gamma}_{xy}^2 (\psi)\, \Gamma_2 + \frac{1}{2} \left.\frac{\partial^2 \mu}{\partial \Gamma^2}\right|_b \Gamma_2^2 \tag{A.9}$$

$$\mu_5 = \frac{4}{15} \left.\frac{\partial^5 \mu}{\partial \Gamma^5}\right|_b \left(\dot{\gamma}_{xy}^b\right)^5 \left(\dot{\gamma}_{xy}\right)^5 (\psi) + \frac{4}{3} \left.\frac{\partial^4 \mu}{\partial \Gamma^4}\right|_b \left(\dot{\gamma}_{xy}^b\right)^3 \left(\dot{\gamma}_{xy}\right)^3 (\psi)\, \Gamma_2$$
$$+ \left.\frac{\partial^3 \mu}{\partial \Gamma^3}\right|_b \dot{\gamma}_{xy}^b\, \dot{\gamma}_{xy} (\psi)\, \Gamma_2^2, \tag{A.10}$$

$$\mu_6 = \frac{4}{5} \left.\frac{\partial^6 \mu}{\partial \Gamma^6}\right|_b \left(\dot{\gamma}_{xy}^b\right)^6 \left(\dot{\gamma}_{xy}\right)^6 (\psi) + \frac{2}{3} \left.\frac{\partial^5 \mu}{\partial \Gamma^5}\right|_b \left(\dot{\gamma}_{xy}^b\right)^4 \left(\dot{\gamma}_{xy}\right)^4 (\psi)\, \Gamma_2$$
$$+ \left.\frac{\partial^4 \mu}{\partial \Gamma^4}\right|_b \left(\dot{\gamma}_{xy}^b\right)^2 \left(\dot{\gamma}_{xy}\right)^2 (\psi)\, \Gamma_2^2 + \frac{1}{6} \left.\frac{\partial^3 \mu}{\partial \Gamma^3}\right|_b \Gamma_2^3 \tag{A.11}$$

$$\mu_7 = \frac{8}{315} \left.\frac{\partial^7 \mu}{\partial \Gamma^7}\right|_b \left(\dot{\gamma}_{xy}^b\right)^7 \left(\dot{\gamma}_{xy}\right)^7 (\psi) + \frac{2}{3} \left.\frac{\partial^5 \mu}{\partial \Gamma^5}\right|_b \left(\dot{\gamma}_{xy}^b\right)^3 \left(\dot{\gamma}_{xy}\right)^3 (\psi)\, \Gamma_2^2$$
$$+ \frac{1}{3} \left.\frac{\partial^4 \mu}{\partial \Gamma^4}\right|_b \dot{\gamma}_{xy}^b\, \dot{\gamma}_{xy} (\psi)\, \Gamma_2^3. \tag{A.12}$$

Les composantes du déviateur du tenseur des contraintes de l'écoulement perturbé sont données par :

$$\tau_{ij}\left(\Psi_b + \psi\right) = \tau_{ij}\left(\Psi_b\right) + \tau_{1,ij} + \tau_{2,ij} + ... + \tau_{7,ij} + ..., \tag{A.13}$$

où

$$\tau_{k,ij} = \mu_{k-1}\, \dot{\gamma}_{ij} + \mu_k\, \dot{\gamma}_{ij}^b \qquad ; \qquad k \geq 2. \tag{A.14}$$

A l'ordre k, les termes non linéaires visqueux dans l'équation aux perturbations (2.45) sont alors :

$$
\begin{aligned}
Re\, \mathcal{N}_{V\,k}\left(\psi, ..., \psi\right) \;=\; & \frac{\partial^2}{\partial x \partial y}\left[\mu_{k-1}\left(\dot{\gamma}_{xx}\left(\psi\right) - \dot{\gamma}_{yy}\left(\psi\right)\right)\right] \\
& + \left(\frac{\partial^2}{\partial y^2} - \frac{\partial^2}{\partial x^2}\right)\left[\mu_{k-1}\dot{\gamma}_{xy}\left(\psi\right) + \mu_k\dot{\gamma}_{xy}\left(\Psi_b\right)\right].
\end{aligned} \tag{A.15}
$$

Finalement, pour obtenir la constante de Landau g_j on applique la condition de solvabilité à l'équation en $f_{1,j}$ (déformation du mode fondamental). La condition de normalisation, $f_{1,j} = 0$ en $y = 0$ pour $j > 1$, est utilisée pour garantir l'unicité de la solution [Herbert 1983], [Fujimura 1989].

Matrices de dérivation dans l'espace physique

B.1 Dérivation numérique

Comme il est noté dans 5.2.2, avant d'être projetés dans l'espace de Fourier-Chebyshev, les termes non linéaires sont d'abord évalués aux points de grille de l'espace physique. Pour calculer les dérivées aux points de grille nous avons utilisé les matrices de dérivation suivantes :

(a) Dans la direction de l'écoulement, les points x_i sont uniformément espacés

$$x_i = \frac{Q}{M_d}i, \qquad i = 0, \cdots, M_d - 1. \tag{B.1}$$

où $Q = \frac{2\pi}{\alpha}$ est la longueur d'onde suivant la direction de l'écoulement x.

La dérivée par rapport à x est obtenue en utilisant la matrice de dérivation standard [Trefethen 2000], [Peyret 2002], avec N_d impair

$$[\mathbb{DF}]_{ij} = \begin{cases} \frac{\alpha(-1)^{i+j}}{2sin\frac{(i-j)\pi}{M_d}} & i \neq j \\ 0, & i = j \end{cases} \tag{B.2}$$

(b) Dans la direction y normale aux parois, nous avons utilisés les points de

Gauss-Lobatto :

$$y_j = cos\left(\frac{\pi j}{N_d}\right), \ j = 0, \cdots, N_d \qquad (B.3)$$

La dérivée par rapport à y est obtenue en utilisant la matrice de dérivation de Chebyshev [Trefethen 2000], [Peyret 2002], avec N_d impair ;

$$[\mathbb{DY}]_{ij} = \begin{cases} (1 + 2N_d^2)/6 & i = j = 0 \\ -(1 + 2N_d^2)/6 & i = j = Nd \\ \frac{-y_j}{2(1-y_j^2)} & j = i \\ (-1)^{i+j}\frac{c_i}{c_j(y_i-y_j)} & i \neq j \end{cases} \qquad (B.4)$$

où $c_i = 1$ pour $0 < i < N_d$ et $c_0 = c_{N_d} = 2$.

B.2   Méthode des sommations partielles

Lors de l'évaluation de la fonction de courant dans l'espace physique ainsi que le calcul des coefficients spectraux, les intégrales sont calculées en utilisant la méthode des sommations partielles [Boyd 1999]. Cette méthode basée sur la séparation des étapes de calculs permet de réduire énormément le coût de calculs. A titre d'exemple, la valeur de la fonction de courant au point (x_i, y_j)

$$\psi(x_i, y_j) = \sum_{m=-M}^{M} \sum_{n=0}^{N} a_{mn} \, e^{im\alpha x_i} T_n(y_j) \qquad (B.5)$$

est obtenue en évaluant ψ d'abord sur la grille normale aux parois y_j :

$$\psi_j(x) = \psi(x, y_j) = \sum_{m=-M}^{M} e^{im\alpha x} \beta_m^j \qquad (B.6)$$

avec

$$\beta_m^j = \sum_{n=0}^{N} a_{mn} T_n(y_j) \qquad j = 0, \cdots, N_d \tag{B.7}$$

Ensuite, on évalue $\psi_j(x)$ sur la grille axiale x_i

$$\psi_{ij} = \psi(x_i, y_j) = \sum_{m=-M}^{M} e^{im\alpha x_i} \beta_m^j. \tag{B.8}$$

En procédant ainsi, l'évaluation de ψ coûte moins d'opérations qu'un calcul direct : $O((M+1)(N+1)^2) + O((M+1)^2(N+1))$ contre $O((M+1)^2(N+1)^2)$.

Bibliographie

[Alavyoon *et al.* 1986] F. Alavyoon, D. S. Henningson et P. H. Alfredsson. *Turbulent spots in plane Poiseuille flow - flow*. Phys. Fluids, vol. 29, 1986. (Cité en page 2.)

[Albaalbaki & Khayat 2011] B. Albaalbaki et R.E. Khayat. *Pattern selection in the thermal convection of non-Newtonian fluids*. J. Fluid Mech, vol. 668, pages 500–550, 2011. (Cité en page 68.)

[Balmforth & Rust 2009] N. J. Balmforth et A. C. Rust. *Weakly nonlinear viscoplastic convection*. J. Non-Newtonian Fluid Mech., vol. 158, pages 36–45, 2009. (Cité en page 68.)

[Bird *et al.* 1987] R. Bird, R. Amstrong et O. Hassager. *Dynamics of polymeric liquids*. Wiley - Interscience, New York, 1987. (Cité en page 11.)

[Boyd 1999] J. P. Boyd. *Chebyshev and Fourier Spectral Methods*. Dover, 1999. (Cité en pages 75, 80, 83 et 114.)

[Canuto *et al.* 1988] C. Canuto, M. Hussaini, A. Quarteroni et T. Zang. *Spectral Methods in Fluid Dynamics*. 1988. (Cité en pages 29 et 75.)

[Carlson *et al.* 1982] D. R. Carlson, S. E. Widnall et M. F. Peeters. *Flowvisualization study of transition in plane Poiseuille flow*. J. Fluid Mech., vol. 121, 1982. (Cité en page 2.)

[Carranza *et al.* 2012] S. N. Lopez Carranza, M. Jenny et C. Nouar. *Pipe flow of shear-thinning fluids*. C. R. Mech., vol. 340, pages 602–618, 2012. (Cité en page 6.)

[Carreau 1972] J. P. Carreau. *Rheological equations from molecular network theories*. J. Rheol., vol. 16, pages 99–127, 1972. (Cité en page 11.)

[Chapman 2002] S. J. Chapman. *Subcritical transition in channel flows*. J. Fluid Mech., vol. 35, page 451, 2002. (Cité en page 2.)

[Chekila *et al.* 2011] A. Chekila, C. Nouar, E. Plaut et A. Nemdili. *Subcritical bifurcation of shear-thinning plane Poiseuille flows.* J. Fluid. Mech., vol. 686, pages 272–298, 2011. (Cité en page 7.)

[Cherhabili 1996] A. Cherhabili. *Existence et stabilité des solutions d'équilibre non linéaires dans l'écoulement de Couette plan.* PhD thesis, Université des sciences et technologies de Lille., Lille, 1996. (Cité en page 85.)

[Chikkadi *et al.* 2005] V. Chikkadi, A. Sameen et R. Govindarajan. *Preventing transition to turbulence : A viscosity stratification does not always help.* Phys. Rev. Lett., vol. 95, pages 264504.1–4, 2005. (Cité en pages 5 et 67.)

[Cohen *et al.* 2009] J. Cohen, J. Philip et G. Ben Dov. *Aspects of linear and nonlinear instabilities leading to transition in pipe and channel flows.* Phil. Trans. R. Soc. A, vol. 367, pages 509–527, 2009. (Cité en page 2.)

[Cross & Hohenberg 1993] M.C. Cross et P.C. Hohenberg. *Pattern formation outside equilibrium.* Rev. Mod. Phys., vol. 65, pages 851–1112, 1993. (Cité en page 1.)

[Darbyshire & Mullin 1995] A.G. Darbyshire et T. Mullin. *Transition to turbulence in constant-mass-flux pipe flow.* J. Fluid Mech., vol. 289, pages 83–114, 1995. (Cité en page 1.)

[Daviaud *et al.* 1992] F. Daviaud, J. Hegseth et P. Bergé. *Subcritical transition to turbulence in plane Couette flow.* Phys. Rev. Lett., vol. 69, pages 2511–2514, 1992. (Cité en page 2.)

[Drazin & Reid 1995] P. G. Drazin et W. H. Reid. *Hydrodynamic stability.* Cambridge University Press, 1995. (Cité en pages 28 et 62.)

[Ehrenstein & Koch 1991] U. Ehrenstein et W. Koch. *Three-dimensional wavelike equilibrium states in plane Poiseuille flow.* J. Fluid Mech., vol. 228, pages 111–148, 1991. (Cité en page 3.)

[Escudier & Presti 1996] M. P. Escudier et F. Presti. *Pipe flow of thixotropic liquid*. J. Non-Newtonain Fluid Mech., vol. 62, pages 221–306, 1996. (Cité en page 6.)

[Escudier *et al.* 2005] M. P. Escudier, R. J. Poole, F. Presti, C. Dales, C. Nouar, L. Graham et L. Pullum. *Observations of asymmetrical flow behaviour in transitional pipe flow of yield-stress and other shear thinning liquids*. J. Non-Newtonian Fluid Mech., vol. 127, pages 143–155, 2005. (Cité en page 6.)

[Escudier *et al.* 2009a] M. P. Escudier, S. Rosa et R. J. Poole. *Asymmetry in transitional pipe flow of drag-reducing polymer solutions*. J. Non-Newtonian Fluid Mech., vol. 161, pages 19–29, 2009. (Cité en page 6.)

[Escudier *et al.* 2009b] M.P. Escudier, A.K. Nickson et R.J. Poole. *Turbulent flow of viscoelastic shear-thinning liquids through a rectangular duct : Quantification of turbulence anisotropy*. J. Non-Newt. Fluid. Mech., vol. 160, pages 2–10), 2009. (Cité en page 6.)

[Esmael & Nouar 2008] A. Esmael et C. Nouar. *Transitional flow of a yield-stress fluid in a pipe : Evidence of a robust coherent structure*. Phys. Rev. E., vol. 77, 2008. (Cité en page 6.)

[Esmael *et al.* 2010] A. Esmael, C. Nouar et A. Lefevre. *Transitional flow of a non-Newtonian fluid in a pipe : Experimental evidence of weak turbulence induced by shear-thinning behavior*. Physics of Fluids, vol. 22, page 057302, 2010. (Cité en page 6.)

[Faisst & Eckhardt 2003] H. Faisst et B. Eckhardt. *Traveling waves in pipe flow*. Phys. Rev. Lett., vol. 91, page 224502, 2003. (Cité en page 3.)

[Fujimura 1989] K. Fujimura. *The equivalence between two perturbation methods in weakly nonlinear stability theory for parallel shear flows*. Proc. R. Soc. Lond. A, vol. 424, pages 373–392, 1989. (Cité en pages ix, 60, 66 et 112.)

[Govindarajan *et al.* 2003] R. Govindarajan, V. S. L'Vov, I. Procaccia et A. Sameen. *Stabilization of hydrodynamic flows by small viscosity variations.* Phys. Rev. E, vol. 2003, pages 026310.1–026310.11, 2003. (Cité en pages 5 et 30.)

[Govindarajan 2002] R. Govindarajan. *Surprising effects of minor viscosity gradients.* J. Indian Inst. Sci., vol. 82, pages 121–127, 2002. (Cité en page 5.)

[Herbert 1976] T. Herbert. *Periodic secondary motions in a plane channel.* In Lecture Notes in Physics, page 235. Springer, 1976. (Cité en pages 3 et 70.)

[Herbert 1980] T. Herbert. *Nonlinear stability of parallel flows by high-order amplitude expansions.* J. Fluid Mech., vol. 18, pages 243–248, 1980. (Cité en page 63.)

[Herbert 1983] T. Herbert. *On perturbation methods in nonlinear stability theory.* J. Fluid Mech., vol. 126, pages 167–186, 1983. (Cité en pages 40 et 112.)

[Hof *et al.* 2003] B. Hof, A. Juel et T. Mullin. *Scalling of the turbulence transition threshold in a pipe.* Phys Rev. Letters, vol. 91, pages 244–502, 2003. (Cité en page 1.)

[Hof *et al.* 2004] Bjorn Hof, Casimir W. H. van Doorne, Jerry Westerweel, Frans T. M. Nieuwstadt, Holger Faisst, Bruno Eckhardt, Hakan Wedin, Richard R. Kerswell et Fabian Waleffe. *Experimental Observation of Nonlinear Traveling Waves in Turbulent Pipe Flow.* Science, vol. 305, no. 5690, pages 1594–1598, 2004. (Cité en page 3.)

[Keller 1977] H. B. Keller. *Numerical solution of bifurcation and nonlinear eigenvalue problems.* In Application of Bifurcation Theory, pages 359–384. Academic Press, 1977. (Cité en page 80.)

[Kim *et al.* 1987] J. Kim, P. Moin et R. Moser. *Turbulence statistics in fully developed channel flow at low Reynolds number*. J. Fluid Mech., vol. 177, pages 133–166, 1987. (Cité en page 69.)

[Lemoult *et al.* 2012] G. Lemoult, J.L. Aider et J.E. Wesfreid. *Experimental scaling law for the subcritical transition to turbulence in plane Poiseuille flow*. Phys. Rev. E., vol. 85, page 025303(R), 2012. (Cité en page 2.)

[Lemoult *et al.* 2013] G. Lemoult, J.L. Aider et J.E. Wesfreid. *Turbulent spots in a channel : large-scale flow and self-sustainability*. J. Fluid. Mech., vol. 731, pages R1.1–R1.11, 2013. (Cité en page 2.)

[Lumley 1969] J.L. Lumley. *Drag reduction by additives*. Annu. Rev. Fluid. Mech, vol. 1, pages 367–384), 1969. (Cité en page 4.)

[Meseguer & Trefethen 2001] A. Meseguer et L. N. Trefethen. *Linearized pipe flow to 10^7*. Journal of Computational Physics., vol. 186, pages 178–197, 2001. (Cité en page 2.)

[Nishioka *et al.* 1975] M. Nishioka, S. Iida et Y. Ichikawa. *An experimental investigation of plane Poiseuille flow*. J. Fluid. Mech., vol. 72, pages 731–751, 1975. (Cité en page 2.)

[Nouar *et al.* 2007a] C. Nouar, A. Bottaro et J. P. Brancher. *Delaying transition to turbulence in channel flow : revisiting the stability of shear-thinning fluids*. J. Fluid. Mech., vol. 592, pages 177–194, 2007. (Cité en page 5.)

[Nouar *et al.* 2007b] C. Nouar, N. Kabouya, J. Dusek et M. Mamou. *Modal and non-modal linear stability of the plane-Bingham-Poiseuille flow*. J. Fluid Mech., vol. 577, pages 211–239, 2007. (Cité en pages 30 et 67.)

[Orszag & Gottlieb 1977] S. A. Orszag et D. Gottlieb. *Numerical Analysis of Spectral Methods : Theory and Applications*. Society for Industry and Applied Mathematics, vol. 26, pages 14–, 1977. (Cité en page 74.)

[Orszag 1971] S. A. Orszag. *Accurate solution of the Orr-Sommerfeld stability equation*. J. Fluid. Mech., vol. 50, pages 689–703, 1971. (Cité en pages 2 et 85.)

[Peixinhio & Mullin 2007] J. Peixinhio et T. Mullin. *Finite-amplitude thresholds for transition in pipe flow*. Phys. Rev. Lett., vol. 582, 2007. (Cité en page 2.)

[Peixinhio *et al.* 2005] J. Peixinhio, C. Nouar, C. Desaubry et B. Théron. *Laminar transitional and turbulent flow of yield stress fluid in a pipe*. J. Non-Newtonian Fluid Mech., vol. 128, pages 172–184, 2005. (Cité en page 6.)

[Peyret 2002] R. Peyret. *Spectral methods for incompressible viscous flow*. Springer-verlag New York, Inc., 2002. (Cité en pages 113 et 114.)

[Plaut *et al.* 2008] E. Plaut, Y. Lebranchu, R. Simitev et F.H. Busse. *Reynolds stresses and mean fields generated by pure waves : Applications to shear flows and convection in a rotating cell*. J. Fluid. Mech., vol. 602, pages 303–326, 2008. (Cité en pages 31, 50 et 59.)

[Pugh 1988] J.D. Pugh. *Finite amplitude waves in plane Poiseuille flow*. PhD thesis, Cal. Tech, Pasadena, California, 1988. (Cité en pages 77 et 84.)

[Ranganathan & Govindarjan 2001] B. T. Ranganathan et R. Govindarjan. *Stabilization and destabilization of channel flow by location of viscosity-stratified fluid layer*. Phy. Fluids, vol. 13, pages 1–3, 2001. (Cité en page 5.)

[Reynolds & Potter 1967] W. C. Reynolds et M. C. Potter. *Finite-amplitude instability of parallel shear flows*. J. Fluid Mech., vol. 27, pages 465–492, 1967. (Cité en pages ix, 59 et 60.)

[Reynolds 1883] O. Reynolds. *An experimental investigation of the circumstances which determine whether the motion of water in parallel channels shall be direct or sinuous and of the law of resistance in parallel channels*. Philos. Trans. R. Soc., vol. 174, pages 935–982, 1883. (Cité en page 1.)

[Roland *et al.* 2010] N. Roland, E. Plaut et C. Nouar. *Petrov Galerkin computation of nonlinear waves in pipe flow of shear-thinning fluids : First theoretical evidences for a delayed transition*. Computers and Fluids, vol. 39, pages 1733–1743, 2010. (Cité en page 6.)

[Roland 2010] N. Roland. *Modélisation de la transition vers la turbulence d'écoulements en tuyeau des fluides rhéofluidifiants par calcul numérique d'ondes non linéaires*. PhD thesis, INPL, Nancy, 2010. (Cité en page 6.)

[Romanov 1973] V. A. Romanov. *Stability of plane-parallel Couette flow*. J. Fluid Mech., vol. 7, 1973. (Cité en page 2.)

[Ryskin 1969] T.G. Ryskin. *Turbulent drag reduction by polymers : a quantitative theory*. Phys. Rev. Lett, vol. 59, pages 2059–2062), 1969. (Cité en page 4.)

[Saffman 1983] P.G. Saffman. *Vortices, stability and turbulence*. Ann. N. Y. Acad. Sci., vol. 404, pages 12–24, 1983. (Cité en page 70.)

[Sameen & Govindarajan 2007] A. Sameen et R. Govindarajan. *The effect of wall heating on instability of channel flow*. J. Fluid. Mech., vol. 577, pages 417–442, 2007. (Cité en page 5.)

[Schmid & Henningson 2001] P. J. Schmid et D. S. Henningson. *Stability and transition in shear flows*. Springer - Verlag, 2001. (Cité en page 73.)

[Sen & Venkateswarlu 1983] P.K. Sen et D. Venkateswarlu. *On the stability of plane Poiseuille flow to finite-amplitude disturbances, considering the higher-Landau coefficients*. J. Fluid. Mech., vol. 133, pages 179–206, 1983. (Cité en page 62.)

[Sourlier 1988] P. Sourlier. *Contribution à l'étude des propriétés convectives de fluides thermodépendants : Cas de l'écoulement en canal de section retangulaire*. PhD thesis, Université de Nancy I, Nancy, 1988. (Cité en page 6.)

[Stuart 1958] J. T. Stuart. *On the nonlinear mechanisms of hydrodynamic stability.* J. Fluid Mech., vol. 4, pages 1–21, 1958. (Cité en page 63.)

[Stuart 1960] J. T. Stuart. *On the non-linear mechanics of wave disturbances in stable and unstable parallel flows. Part 1. The basic behaviour in plane Poiseuille flow.* J. Fluid Mech., vol. 9, pages 353–370, 1960. (Cité en page 40.)

[Tabor & de Gennes 1986] M. Tabor et P. G. de Gennes. *A cascade theory of drag reduction.* Europhys. Lett, vol. 2, pages 519–522), 1986. (Cité en page 4.)

[Tanner 2000] R. Tanner. *Engineering rheology.* Oxford University Press, New York, 2000. (Cité en page 11.)

[Trefethen 2000] L. N. Trefethen. *Spectral Methods in Matlab.* SIAM, Philadelphia, vol. 00/17, 2000. (Cité en pages 51, 113 et 114.)

[Waleffe 1995] F. Waleffe. *Hydrodynamic stability and turbulence : Beyond transients to a self-sustaining process.* Stud. Appl. Math., vol. 95, pages 319–343, 1995. (Cité en pages 3 et 6.)

[Waleffe 1997] F. Waleffe. *On a self-sustaining process in shear flows.* Phys. Fluids, vol. 9, pages 883–900, 1997. (Cité en page 3.)

[Waleffe 1998] F. Waleffe. *Three-Dimensional Coherent States in Plane Shear Flows.* Phys. Rev. Lett., vol. 81, pages 4140–4143, 1998. (Cité en page 3.)

[Wall & Wilson 1996] D. P. Wall et S. K; Wilson. *The linear stability of channel flow of fluid with temperature-dependent viscosity.* J. Fluid Mech., vol. 323, pages 107–132, 1996. (Cité en page 5.)

[Watson 1960] J. Watson. *On the non-linear mechanics of wave disturbances in stable and unstable parallel flows. Part 2. The development of a solution for plane Poiseuille and for plane couette flow.* J. Fluid. Mech., vol. 9, pages 371–389, 1960. (Cité en page 40.)

[Wedin & Kerswell 2004] H. Wedin et R. Kerswell. *On transition in a pipe. Part 1. The origin of puffs and slugs and the flow in a turbulent slug.* J. Fluid. Mech., vol. 508, pages 333–371, 2004. (Cité en page 3.)

[Yasuda *et al.* 1981] K. Yasuda, R.C. Armstrong et R.E. Cohen. *Shear flow properties of concentrated solutions of linear and star branched polystyrenes.* Rheol. Acta, vol. 20, pages 163–178, 1981. (Cité en page 11.)

[Zahn *et al.* 1974] J. P. Zahn, J. Toomre, E.A. Spiegel et D.O. Gough. *Nonlinear cellular motions in plane Poiseuille channel flow.* J. Fluid Mech., vol. 64, pages 319–346, 1974. (Cité en pages 3 et 70.)

www.ingramcontent.com/pod-product-compliance
Lightning Source LLC
Chambersburg PA
CBHW021104210326
41598CB00016B/1326